46
亿年的奇迹

地 球 简 史

日本朝日新闻出版 著

傅栩 贺璐婷 苏萍 李波 译

显生宙
古生代
2

人民文学出版社

PEOPLE'S LITERATURE PUBLISHING HOUSE

冯伟民先生是南京古生物博物馆的馆长，是国内顶尖的古生物学专家。此次出版"46亿年的奇迹：地球简史"丛书，特邀冯先生及其团队把关，严格审核书中的科学知识，并作此篇导读。

"46亿年的奇迹：地球简史"是一套以地球演变为背景，史诗般展现生命演化场景的丛书。该丛书由50个主题组成，编为13个分册，构成一个相对完整的知识体系。该丛书包罗万象，涉及地质学、古生物学、天文学、演化生物学、地理学等领域的各种知识，其内容之丰富、描述之细致、栏目之多样、图片之精美，在已出版的地球与生命史相关主题的图书中是颇为罕见的，具有里程碑式的意义。

"46亿年的奇迹：地球简史"丛书详细描述了太阳系的形成和地球诞生以来无机界与有机界、自然与生命的重大事件和诸多演化现象。内容涉及太阳形成、月球诞生、海洋与陆地的出现、磁场、大氧化事件、早期冰期、臭氧层、超级大陆、地球冻结与复活、礁形成、冈瓦纳古陆、巨神海消失、早期森林、冈瓦纳冰川、泛大陆形成、超级地幔柱和大洋缺氧等地球演变的重要事件，充分展示了地球历史中宏伟壮丽的环境演变场景，及其对生命演化的巨大推动作用。

除此之外，这套丛书更是浓墨重彩地叙述了生命的诞生、光合作用、与氧气相遇的生命、真核生物、生物多细胞、埃迪卡拉动物群、寒武纪大爆发、眼睛的形成、最早的捕食者奇虾、三叶虫、脊椎与脑的形成、奥陶纪生物多样化、鹦鹉螺类生物的繁荣、无颌类登场、奥陶纪末大灭绝、广翅鲎的繁荣、植物登上陆地、菊石登场、盾皮鱼的崛起、无颌类的繁荣、肉鳍类的诞生、鱼类迁入淡水、泥盆纪晚期生物大灭绝、四足动物的出现、动物登陆、羊膜动物的诞生、昆虫进化出翅膀与变态的模式、单孔类的诞生、鲨鱼的繁盛等生命演化事件。这还仅仅是丛书中截止到古生代的内容。由此可见全书知识内容之丰富和精彩。

每本书的栏目形式多样，以《地球史导航》为主线，辅以《地球博物志》《世界遗产长廊》《地球之谜》和《长知识！地球史问答》。在《地球史导航》中，还设置了一系列次级栏目：如《科学笔记》注释专业词汇；《近距直击》回答文中相关内容的关键疑问；《原理揭秘》图文并茂地揭示某一生物或事件的原理；《新闻聚焦》报道一些重大的但有待进一步确认的发现，如波兰科学家发现的四足动物脚印；《杰出人物》介绍著名科学家的相关贡献。《地球博物志》描述各种各样的化石遗痕；《世界遗产长廊》介绍一些世界各地的著名景点；《地球之谜》揭示地球上发生的一些未解之谜；《长知识！地球史问答》给出了关于生命问题的趣味解说。全书还设置了一位卡通形象的科学家引导阅读，同时插入大量精美的图片，来配合文字解说，帮助读者对文中内容有更好的理解与感悟。

因此，这是一套知识浩瀚的丛书，上至天文，下至地理，从太阳系形成一直叙述到当今地球，并沿着地质演变的时间线，形象生动地描述了不同演化历史阶段的各种生命现象，演绎了自然与生命相互影响、协同演化的恢宏历史，还揭示了生命史上一系列的大灭绝事件。

科学在不断发展，人类对地球的探索也不会止步，因此在本书中文版出版之际，一些最新的古生物科学发现，如我国的清江生物群和对古昆虫的一系列新发现，还未能列入到书中进行介绍。尽管这样，这套通俗而又全面的地球生命史丛书仍是现有同类书中的翘楚。本丛书图文并茂，对于青少年朋友来说是一套难得的地球生命知识的启蒙读物，可以很好地引导公众了解真实的地球演变与生命演化，同时对国内学界的专业人士也有相当的借鉴和参考作用。

冯伟民

2020 年 5 月

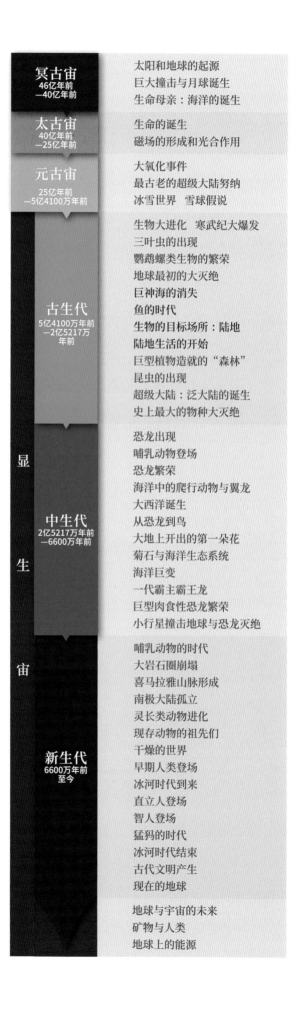

冥古宙 46亿年前 —40亿年前	太阳和地球的起源
	巨大撞击与月球诞生
	生命母亲：海洋的诞生
太古宙 40亿年前 —25亿年前	生命的诞生
	磁场的形成和光合作用
元古宙 25亿年前 —5亿4100万年前	大氧化事件
	最古老的超级大陆努纳
	冰雪世界 雪球假说
古生代 5亿4100万年前 —2亿5217万年前	生物大进化 寒武纪大爆发
	三叶虫的出现
	鹦鹉螺类生物的繁荣
	地球最初的大灭绝
	巨神海的消失
	鱼的时代
	生物的目标场所：陆地
	陆地生活的开始
	巨型植物造就的"森林"
	昆虫的出现
	超级大陆：泛大陆的诞生
	史上最大的物种大灭绝
中生代 2亿5217万年前 —6600万年前	恐龙出现
	哺乳动物登场
	恐龙繁荣
	海洋中的爬行动物与翼龙
	大西洋诞生
	从恐龙到鸟
	大地上开出的第一朵花
	菊石与海洋生态系统
	海洋巨变
	一代霸主霸王龙
	巨型肉食性恐龙繁荣
	小行星撞击地球与恐龙灭绝
新生代 6600万年前 至今	哺乳动物的时代
	大岩石圈崩塌
	喜马拉雅山脉形成
	南极大陆孤立
	灵长类动物进化
	现存动物的祖先们
	干燥的世界
	早期人类登场
	冰河时代到来
	直立人登场
	智人登场
	猛犸的时代
	冰河时代结束
	古代文明产生
	现在的地球
	地球与宇宙的未来
	矿物与人类
	地球上的能源

CONTENTS

目录

CONTENTS
目录

巨神海的消失

4 亿 4340 万年前—4 亿 1920 万年前

[古生代]

古生代是指 5 亿 4100 万年前—2 亿 5217 万年前的时代。这时地球上开始出现大型动物，鱼类繁盛，动植物纷纷向陆地进军，这是一个生物迅速演化的时代。

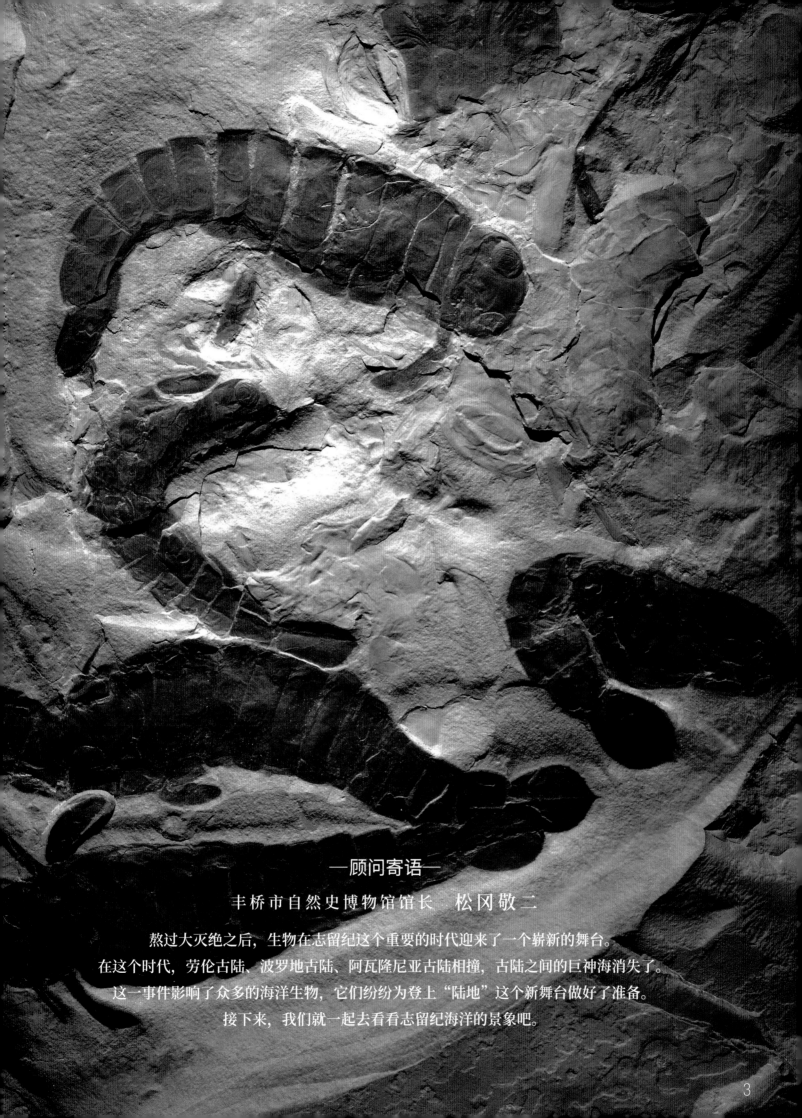

—顾问寄语—

丰桥市自然史博物馆馆长　松冈敬二

熬过大灭绝之后，生物在志留纪这个重要的时代迎来了一个崭新的舞台。

在这个时代，劳伦古陆、波罗地古陆、阿瓦隆尼亚古陆相撞，古陆之间的巨神海消失了。

这一事件影响了众多的海洋生物，它们纷纷为登上"陆地"这个新舞台做好了准备。

接下来，我们就一起去看看志留纪海洋的景象吧。

曾 经 存 在 的 大 洋

加拿大纽芬兰岛。这一带在志留纪时，曾经有一片广阔的大洋，叫作"巨神海"。这片大洋十分富饶，曾经形成了大片的礁石，广翅鲎、三叶虫等在其中自在地游来游去……然而，就在大约 4 亿 2000 万年前，这片大洋消失了。原因是大陆的漂移。巨神海曾位于两块大陆之间，随着大陆的撞击，它被封闭了。生物也随之销声匿迹。现在，这里只留下一片荒凉的大地。当时撞击的冲击力，使得地球内部的地幔在这里露出脸来。

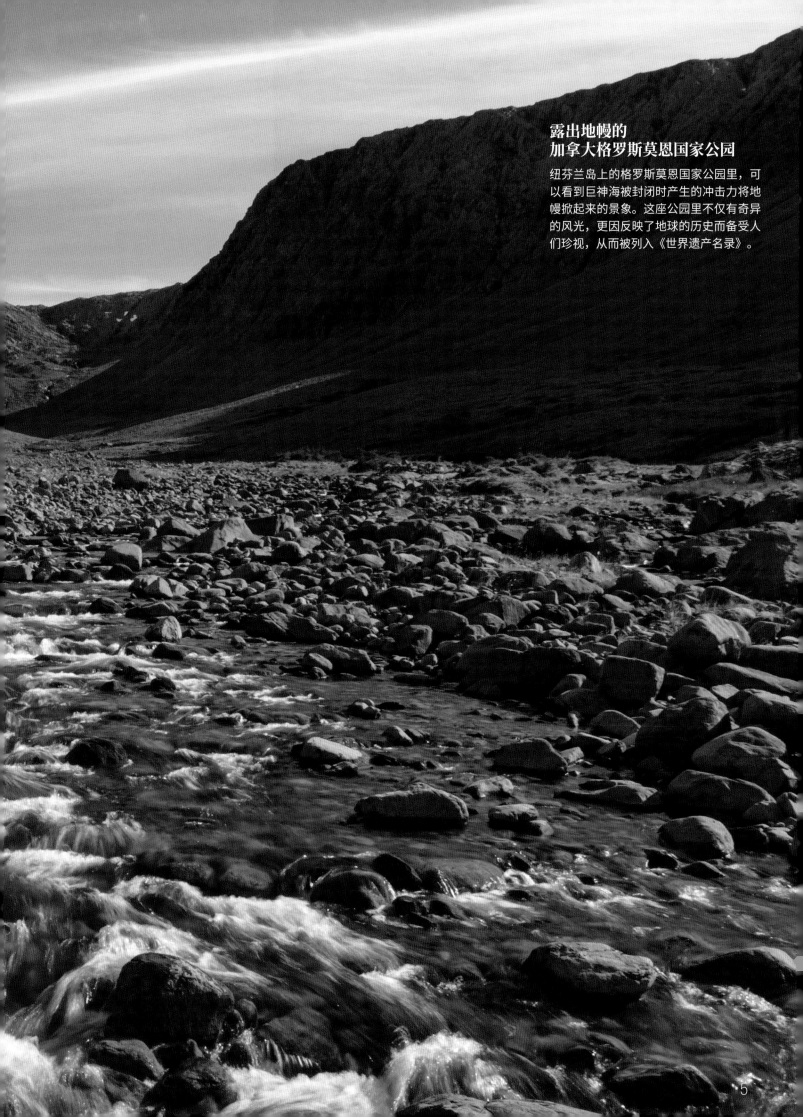

露出地幔的
加拿大格罗斯莫恩国家公园

纽芬兰岛上的格罗斯莫恩国家公园里，可以看到巨神海被封闭时产生的冲击力将地幔掀起来的景象。这座公园里不仅有奇异的风光，更因反映了地球的历史而备受人们珍视，从而被列入《世界遗产名录》。

大型掠食者来袭

在因"寒武纪大爆发"而多样化的生物中，最为繁荣的要数节肢动物。其中，广翅鲎成了志留纪海洋的统治者。从奥陶纪一直到泥盆纪，有的广翅鲎拥有巨大的钳子，有的广翅鲎拥有像船桨一样的附肢，多种多样。一些体形大的种类，全长甚至达到 2 米。有地球史上最大节肢动物之称的广翅鲎，傲立于当时海洋生态系统的顶端，其繁荣持续了 1 亿多年。

广翅鲎

广翅鲎繁荣

在志留纪统治海洋 生态系统的广翅鲎

从『奥陶纪末大灭绝』中恢复的志留纪海洋中，统治海洋的，是一种现在无法想象的节肢动物。

哇——居然存在这么可怕的生物啊！

其他生物惧怕的大型掠食者

5亿4100万年前，寒武纪到来时开始爆发并呈现多样性的生物种类，在奥陶纪末大灭绝中显著减少。一个很大的因素是海平面下降，很多生物赖以生存的海域都干涸了。

进入志留纪后不久，地球气候开始变暖，海平面上升，曾经干涸的地方再次变成浅海。并且在这个时期，劳伦、波罗地、阿瓦隆尼亚三块古陆之间的"巨神海"面积缩小，浅海海域拓宽了。与此同时，热带的浅海中，珊瑚、苔藓虫、层孔虫[注1]、钙藻等形成大面积的礁体，三叶虫、腕足动物、无颌类[注2]等繁衍生息，生物的多样性得到恢复。

这片海域中生存着可怕的大型掠食者——节肢动物[注3]中的广翼类，即"广翅鲎"。广翅鲎种类繁多，十分繁荣，其中体形最大的全长可超过2米，傲立于志留纪生态系统的顶端。

志留纪的海洋

在志留纪广阔而又温暖的浅海海域里，大灭绝带来的深重灾难逐渐恢复，多种多样的生物在此栖息。一只巨大的广翅鲎正在袭击无颌类。

9

现在我们知道！

体形巨大，统治古生代的海洋

现存世界上最大的蝎子，是全长约 20 厘米的帝王蝎。它通体乌黑，有一对大钳子和反翘的毒针，看上去十分可怕。然而，在 4 亿多年前的大海里，却有一种与它形态相同，体形却是它 10 倍以上的生物——广翅鲎。这种超乎想象的广翅鲎，究竟是一种怎样的生物呢？

脊椎动物[注4]的祖先曾是它的猎物

经历"寒武纪大爆发"而实现多样化的生物中，最为繁荣的是节肢动物。它们的特征是没有脊椎，外部有硬壳（外骨骼）包裹，身体分为很多节。

在奥陶纪，节肢动物下属的螯肢类中，最古老的广翅鲎——短翼古广翅鲎登场了。虽然它全长只有 4～5 厘米，但其 6 对足中的第一对已经具备了捕猎功能。这种广翅鲎能够大型化并登上生态系统的顶端，是因为在志留纪并没有进化出其他强大的捕食者。在那个时代，后来支配了整个生物界的脊椎动物才刚刚进化出有下颌的种类，而此外的绝大多数只是没有下颌的弱小生物（无颌类），体长顶多只有几十厘米，是广翅鲎的猎物。

全长超过 2 米，史上最大的节肢动物

没有天敌，加之志留纪的海洋环境十分适合生物生存，这为广翅鲎的繁荣提供了保障。从志留纪到泥盆纪，大型动物的种类不断出现。

其中体形格外大的，要数巨型古广翅鲎。目前找到的化石中最大的全长约 2.5 米，在所有的节肢动物中都是最大的，研究认为，这一数据可能已经接近了带壳生物体长的极限值。

巨型古广翅鲎用它最大的一对足即大钳来捕捉猎物。大钳最长可达 46 厘米，内侧有一排尖锐的凸起。而且，因其可以大角度开合，被捉住的生物几乎没有逃跑的机会。广翅鲎无疑是那个时代最强大的猎手。

拓展栖息领域，进化出各种形态

从志留纪到泥盆纪，因地壳运动的影响，降水量较大，陆地上的淡水和半咸水域增加。一部分无颌

花鳞鱼
| *Loganellia scotica* |
生活在志留纪的无颌类。全长约 15 厘米，身上覆盖着细小的鳞片。

七鳃鳗
现生的无颌类。没有下颌，仍具备原始的特征。

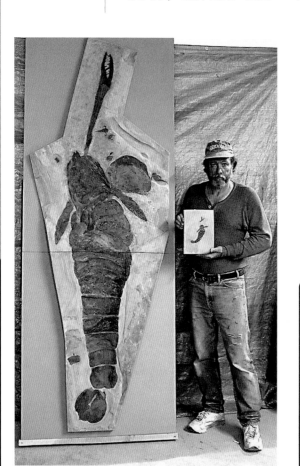

于美国纽约近郊赫基默郡志留纪晚期地层中发现的广翅鲎化石。翼肢鲎的一种，全长 2.3 米。右边是发现者阿兰·朗格

观点碰撞

广翅鲎与蝎子有什么关系？

已经灭绝的广翅鲎与现生的蝎子形态非常相似，广翅鲎拥有与蝎子的呼吸器官页肺功能相近的页鳃，因此有人认为广翅鲎就是蝎子的祖先。但也有人认为蝎子是蜘蛛的近亲，而广翅鲎是鲎的近亲。究竟哪一种学说是正确的，目前没有定论。

鲎

蝎子

鲎虽与螃蟹等甲壳类形态相似，但与蝎子同属螯肢类

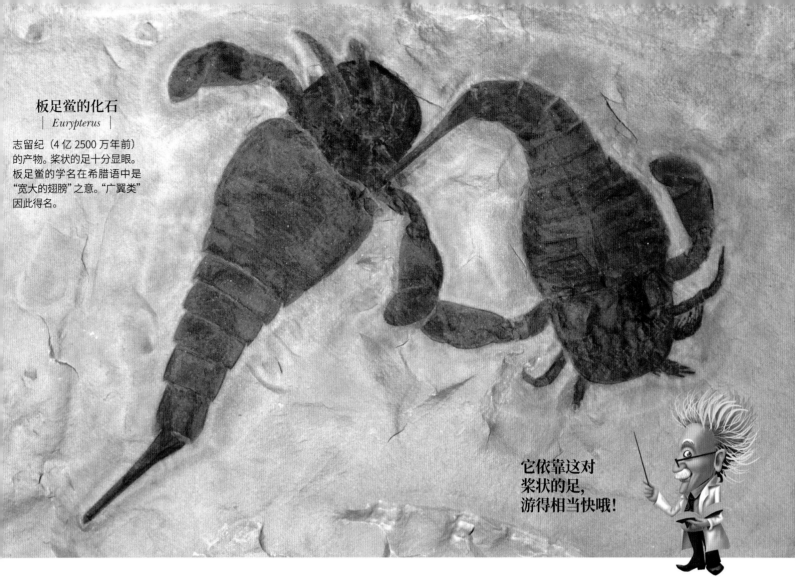

板足鲎的化石
| *Eurypterus* |

志留纪（4亿2500万年前）的产物。桨状的足十分显眼。板足鲎的学名在希腊语中是"宽大的翅膀"之意。"广翼类"因此得名。

它依靠这对桨状的足，游得相当快哦！

类和广翅鲎率先进入这一环境，甚至出现成功登陆的种类。广翅鲎身上长着叫"页鳃"的呼吸器官，在陆地上也能呼吸。

另一方面，也有一些近海品种进入远海。进入志留纪后，具有板状尾的种类、第六对足进化成桨状的种类开始崭露头角。这些进化都彰显着它们作为游泳健将的特质。桨状足十分发达的板足鲎是最常见的一种广翅鲎，它们的化石中却几乎没有掺杂过其他的生物。这说明它们曾非常积极地拓展了自己的栖息领域。

但是，泥盆纪出现了有颌的肉食性鱼类。广翅鲎在竞争中落败，在泥盆纪末几乎全部灭绝。极少数幸存的种类，也在白垩纪完全消失。

文明与地球

志留族

志留纪得名于这个民族

1835年，苏格兰地质学家罗德里克·麦奇生以发现地层的地点命名了该地层。地名的由来，是罗马时代占据威尔士地区东南部的凯尔特人部族志留族。在1世纪时，他们曾抵抗来犯的罗马军队，一直奋战到最后。

描绘罗马军与志留族战争场景的浮雕

科学笔记

【层孔虫】 第8页 注1
已经灭绝的多孔动物之一，古生代到中生代期间栖息在海洋，拥有石灰质的骨骼。经过奥陶纪和泥盆纪，在侏罗纪繁荣起来，形成大规模的礁体。

【无颌类】 第8页 注2
没有下颌、体干骨以及成对的鳍，是一种最原始的脊椎动物。通过过滤从口吸入的水来获取猎物。绝大部分已经灭绝，现生的只有盲鳗类和七鳃鳗类。

【节肢动物】 第8页 注3
动物界最大的"门"，占了现生动物种类的80%以上。身体被坚硬的壳（外骨骼）覆盖。身体分为多个体节，会蜕皮。包含三叶虫类（已经灭绝）、昆虫类、甲壳类、蛛类、蜈蚣类、鲎类等。

【脊椎动物】 第10页 注4
动物界中拥有脊椎的一类，由鱼类、两栖类、爬行类、鸟类、哺乳类组成。虽然不少种类体形较大，但其种类的数量却不到动物界总体的5%。

近距直击

广翅鲎的螯肢究竟有多强壮?

　　广翅鲎的螯肢一般被认为是捕猎的器官,它的力量究竟有多大呢?纽约州布法罗科学博物馆的研究人员根据阿迪达斯鲎的螯肢形状推测,仅仅 5 牛左右的力量就能使之破损,弄破鲎的甲壳所需要的力也连 8 牛都不到。

阿迪达斯鲎正在用螯肢捕猎。它主要吃弱小或已经死亡的动物

口

口后节
在将食物送入口中时,起到类似盘子的作用。

盖板
用来保护页鳃的板甲。

生殖附肢
起到辅助交配的作用。

后鳃附肢
页鳃的最后一片附肢。

巨型羽翅鲎
| *Megalograptus* |

第二对步足特别长,长有长刺,用于搜寻猎物。生活于奥陶纪。体长约 1 米。

混足鲎
| *Mixopterus* |

特征是前两对步足很长且带刺。它能像蝎子一样,将尖锐的尾节翘起来行走。生活于志留纪到泥盆纪。体长约 80 厘米。

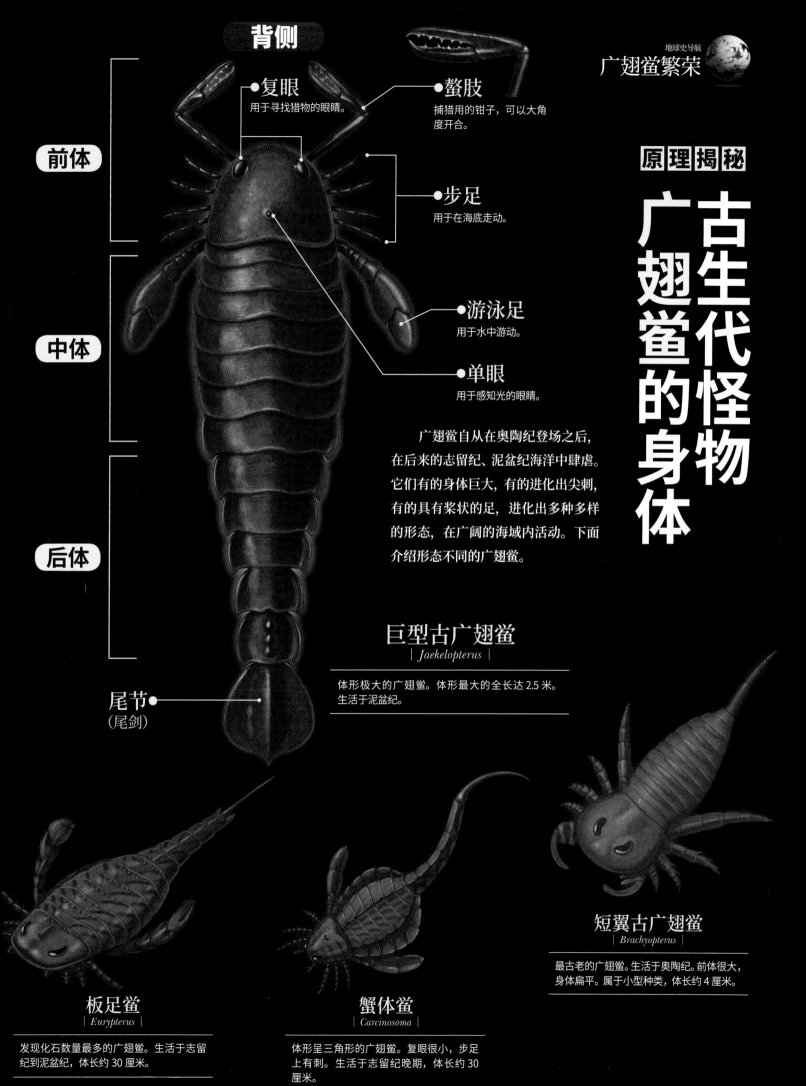

原理揭秘

古生代怪物 广翅鲎的身体

前体

中体

后体

- **复眼**
用于寻找猎物的眼睛。

- **螯肢**
捕猎用的钳子，可以大角度开合。

- **步足**
用于在海底走动。

- **游泳足**
用于水中游动。

- **单眼**
用于感知光的眼睛。

尾节
（尾剑）

广翅鲎自从在奥陶纪登场之后，在后来的志留纪、泥盆纪海洋中肆虐。它们有的身体巨大，有的进化出尖刺，有的具有桨状的足，进化出多种多样的形态，在广阔的海域内活动。下面介绍形态不同的广翅鲎。

巨型古广翅鲎
| *Jaekelopterus* |

体形极大的广翅鲎。体形最大的全长达 2.5 米。生活于泥盆纪。

短翼古广翅鲎
Brachyopterus

最古老的广翅鲎。生活于奥陶纪。前体很大，身体扁平。属于小型种类，体长约 4 厘米。

板足鲎
| *Eurypterus* |

发现化石数量最多的广翅鲎。生活于志留纪到泥盆纪，体长约 30 厘米。

蟹体鲎
Carcinosoma

体形呈三角形的广翅鲎。复眼很小，步足上有刺。生活于志留纪晚期，体长约 30 厘米。

巨神海的消失

大陆碰撞导致一片富饶的海域消失

巨神海——一片富饶的海域。一直到志留纪，它孕育了众多生命。殊不知，让这片海域消失的是移动的大陆。

这种地形就叫作"褶皱"哦！

发生在志留纪海洋的大灾变

4亿3000万年前，现在的英格兰和爱尔兰的部分地区曾淹没在海底。那是一片长满珊瑚礁的热带浅海，充满浮游生物，三叶虫、海百合、腕足动物等众多生物栖息于此。然而，就在这之后1000万年，这片海域却消失得无影无踪。

产自这片区域的化石昭示了这一事实。4亿3000万年前的地层中出土的化石还大部分是海洋生物，但在4亿2000万年前的地层中，海洋生物却消失了，找到的都是陆生植物的化石。消失的海洋名叫"巨神海"，又叫古大西洋。这片巨神海，怎么会消失了呢？

这个谜团一直困扰着19世纪的科学家们。后来到了20世纪，才终于查明巨神海消失的原因——大陆漂移。

大陆发生漂移，进而与其他大陆发生碰撞，大陆之间的海洋消失了。与此同时，陆地上又发生了大规模的地壳运动。这一系列的大灾变，迫使生物发生各种各样的变化。

大陆撞击的痕迹
这是位于英国威尔士地区阿伯里斯特威斯的志留纪地层。大幅度扭曲的地层体现出大陆相撞时产生的惊人能量。

□ 古生代的生物区分地图

界线上下分别是太平洋型生物群和大西洋型生物群。图中的三叶虫是在奥陶纪栖息于劳伦古陆近海的太平洋型宽钝虫和生活于波罗地古陆近海的大西洋型大壳虫。

现在我们知道！

大海消失，超级大陆形成了，巨大山脉耸立

1912 年，德国气象学者阿尔弗雷德·魏格纳首次提出"大陆漂移说"。这在当时被认为是"荒诞无稽"，受到多方非议。然而，20 世纪 60 年代发展起来的板块构造理论却证明了它的正确性。

地球表面分为 10 多个板块，它们彼此分离或相连，引发各种各样的地壳变动。在这个过程中，大陆时而分离，时而合体，海洋有时也会消失。那么巨神海又是怎样消失的呢？

巨神海消失 超级大陆诞生

在奥陶纪，广阔的劳伦古陆位于赤道，波罗地古陆和阿瓦隆尼亚古陆位于它的南侧。而存在于它们中间的海洋，就是巨神海。后来，阿瓦隆尼亚古陆和波罗地古陆向北漂移，接近劳伦古陆，于志留纪末发生碰撞。就这样，巨神海在泥盆纪完全消失，新的欧美大陆形成了。

欧美大陆后来又成了超级大陆"泛大陆"的一部分。泛大陆不停地分裂，北半球的大陆最终分为了现在的北非、格陵兰岛、英格兰、北欧和俄罗斯。也就是说，巨神海虽然在古生代消失了，但那之后大陆再一次分裂，又形成了海洋——大西洋。

三叶虫随海洋的缩小而发生变化

加拿大地球物理学家约翰·图佐·威尔逊注意到，北美和欧洲等地发现的古生代生物化石，以某一条线为界，种类有所不同，他认为，这条界线就是巨神海曾经存在的证据。生活在浅海的三叶虫不可能靠游动跨越海洋，因此，在巨神海依然宽阔的奥陶纪，每一块大陆都生活着不同的生物种族。所以，在奥陶纪的地层中，界线的两边才出现了明显的种类之别。然而，到了海域缩小后的志留纪晚期，界线的两边开始出现同种类的化石。而到了海域完全消失的泥盆纪，全身长满长刺的奇妙三叶虫登场了。这种形态，被认为是生存区域减少，使得生物间的竞争激化，最终导致其防御机能进化的结果。就这样，巨神海的缩小、消失，给海洋生物带来了巨大的影响。

大陆之间的撞击 诞生了巨型山脉

大陆漂移所引起的异变，远不止海洋的消失。志留纪末的大陆间碰撞使地面隆起，经过整个泥盆纪，形成了巨大的山脉。

这条山脉叫作喀里多尼亚山脉，高达 8000 米。据说，这条足以匹敌现今喜马拉雅山

□ 巨神海消失前各大陆的移动

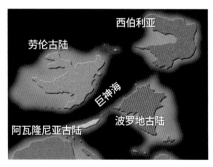

奥陶纪

劳伦古陆、阿瓦隆尼亚古陆、波罗地古陆之间隔着巨神海。

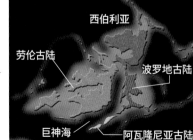

志留纪

阿瓦隆尼亚古陆和波罗地古陆接近劳伦古陆，巨神海缩小。

泥盆纪

三块大陆合体，巨神海完全消失。巨大的喀里多尼亚山脉出现了。

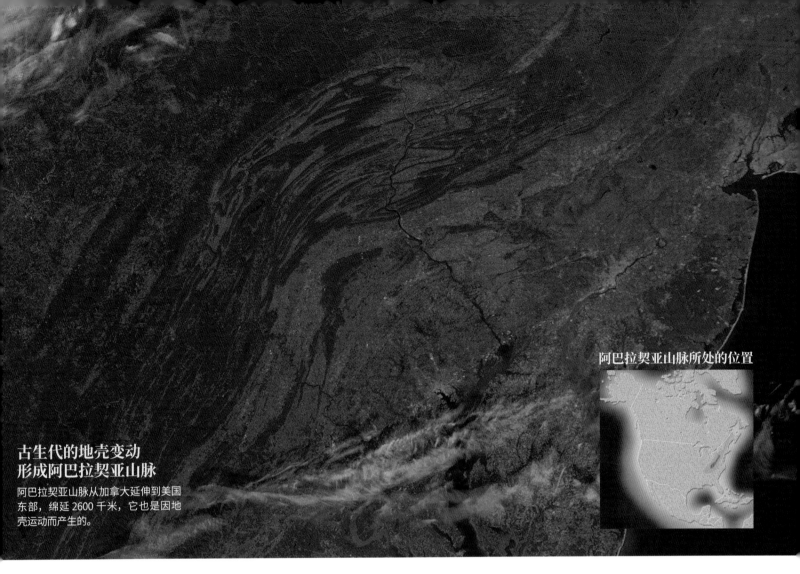

**古生代的地壳变动
形成阿巴拉契亚山脉**

阿巴拉契亚山脉从加拿大延伸到美国东部，绵延 2600 千米，它也是因地壳运动而产生的。

阿巴拉契亚山脉所处的位置

脉的巨大山脉绵延 7500 千米，是喜马拉雅山脉的 3 倍多。现在虽然已经因为侵蚀作用而变小，但在挪威、英国的苏格兰等地的岩壁上，还能看见它曾经的痕迹。另外，这一连串的地壳运动也波及了现在的北美大陆，与阿巴拉契亚山脉的形成有很大关联。

此时出现的巨大山脉隔断云层带来大量降雨，使得内陆地区的淡水流域增加，为生命进化的重要一步——"登陆"搭建了舞台。

阿巴拉契亚山脉所处的位置，就是劳伦古陆和阿瓦隆尼亚古陆相互碰撞的地方哦！

科技发现

用VLBI技术测量大陆漂移

大陆在一年中漂移多少距离呢？VLBI 技术（超长基线电波干涉法）让解开这一疑问成为可能：在地面上的遥远两地各设置一个巨大抛物型天线，接收宇宙天体传来的微弱电波，通过精密计测电波到达时间的差距，可以检测出两个地点间的距离。定期进行这样的测量，可以得知大陆在一年内的移动距离。

筑波的 VLBI 天线。通过日美之间的 VLBI 观测得知，夏威夷岛与日本列岛每年靠近 6 厘米

杰出人物

让大陆漂移说复活的"板块构造论"

阿尔弗雷德·魏格纳的"大陆漂移说"发表时因太过超前而未能被接受，约翰·图佐·威尔逊是让该学说成功复活的重要人物之一。威尔逊于 1968 年完成了他的板块构造论，认为地表由 10 多个板块构成，海底和大陆会周期性地重复聚合与分离，颠覆了从前的认知。

地球物理学家
约翰·图佐·威尔逊
(1908—1993)

2亿2000万年后大西洋会消失?

　　人们迄今认为大西洋是正在扩大的海洋，但最近，在大西洋的葡萄牙西南海面200千米的地方发现了潜没带。这个潜没带如果持续发育，大西洋就会转而缩小，北美大陆和伊比利亚半岛会开始靠近。研究人员推测，2亿2000万年后，大西洋有可能消失。目前，科学家正在进行更加详细的调查。

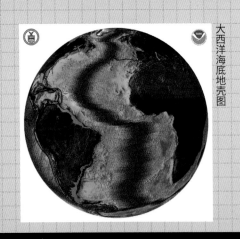

大西洋海底地壳图

随手词典

【潜没带】
海洋板块朝地幔内下沉的地方被称为"潜没带"。板块的下沉使海底形成陡峭的深谷。深度超过6000米的地方称为海沟，不到6000米的称为海槽。

【海岭】
位于海底的巨大山脉，即地幔从地下涌上来的地方。流出的岩浆被海水冷却，形成新的海洋板块。

【板块】
覆盖于地球表面的坚固岩盘。由地壳和地幔上部的坚硬部分构成，分为十几块。其中，形成海底的称为海洋板块，形成大陆的称为大陆板块。大陆板块的厚度在30～100千米，海洋板块厚度在10千米以下。

【地幔】
从地壳下方到地下2900千米之间的部分，分为上地幔和下地幔。由一种叫作橄榄岩的岩石构成。上地幔的最上部很坚硬，与地壳一同形成板块。其下方的地幔虽然是固体，但较柔软，会产生对流。

3. 海洋扩大

海岭处形成一个又一个新的海洋板块，海洋逐渐扩大。

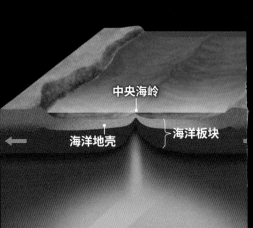

中央海岭

海洋地壳　海洋板块

4. 开始下沉

扩大的海洋板块开始向大陆板块下方下沉。在其下沉的大陆边缘发生火山活动。

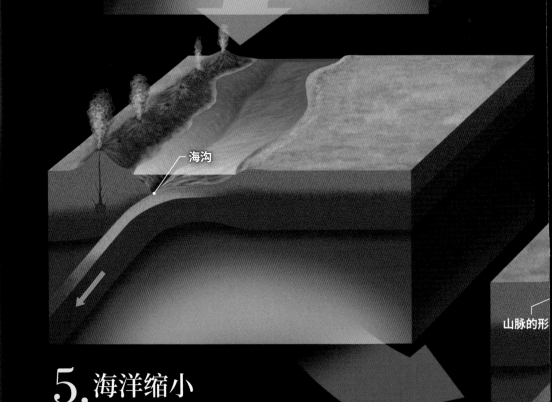

发生
火山活动

海沟

海岭

海沟

山脉的形

5. 海洋缩小

当海岭沉入海沟，海洋板块不再形成。海洋开始缩小，两侧的大陆开始接近。

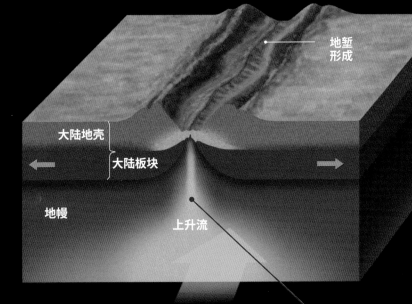

地堑
形成

大陆地壳

大陆板块

地幔

上升流

1. 大陆开始分裂

大陆下方的地幔产生巨大的上升流，大陆开始分裂。裂隙处出现火山。

形成超级大陆后，地下的地幔放热受阻，地幔上升流开始集中于大陆下方。其结果是大陆再次分裂。

6. 海洋消失

大陆之间发生冲撞，海洋消失了。相撞时，大量的堆积物被挤压向上隆起，逐渐形成山脉。

植物登上陆地

身处逆境的植物 为陆地披上绿色

大地上遍布着坚硬的岩石和红褐色沙砾。这里本是毫无生命的世界，植物为什么最早登上陆地呢？

最早的陆生植物是从淡水中登陆的

说起陆地的颜色，也许很多人都会想到植物的绿色。然而，陆地被"绿色"所覆盖，其实仅仅是最近4亿多年前的事。在那之前，到处是红褐色的岩石和沙砾。植物为什么要率先登上这片荒凉的世界呢？

最古老的陆生植物化石是从奥陶纪地层中发现的，只有孢子和表皮等碎片。志留纪的植物化石才呈现出植物的全貌。一部分植物虽然在奥陶纪就开始登陆了，但大规模登陆是从志留纪开始的。

早期的陆生植物是淡水绿藻类的近亲，因此科学家认为植物是从淡水中登陆的。志留纪期间，造山运动带来了大量降雨，淡水和半咸水域增加。浅海中生长繁殖的绿藻类虽然进入了淡水和半咸水域，但淡水水域如果持续受到阳光照射就会干涸，于是一部分绿藻类被迫置身于这样的逆境中，逐渐进化出适应陆地生活的个体，正式向陆地进发。

今天的我们之所以存在，也都是因为植物登陆的功劳啊。

开始登陆的植物

这是志留纪末淡水水域周边的陆地情形想象图。原始陆生植物个头矮小，没有根和叶，从水边向陆地延伸，慢慢覆盖地面。

假如 **如果其他行星上有植物生长，会是什么颜色呢？**

其他行星生长植物的想象图。在这颗行星上，植物吸收了几乎所有颜色的光，所以看上去是黑色的

陆生植物之所以呈绿色，是因为它们在进行光合作用时发挥作用的名为叶绿素的色素主要吸收红色和蓝色的光，而大量反射绿色的光。但是，海藻中也有红色和黄褐色的种类。这是因为海洋深度不同，植物所接收的光的颜色也就不同。也就是说，植物所接受的光的种类和强弱不同，其吸收的颜色和反射的颜色就会不同。

那么，如果其他行星上有植物生长，又会是什么颜色的呢？宇宙中有明亮度各不相同的恒星。比太阳明亮的恒星发出的蓝色光相对较强，因此周围行星上的植物应该会反射可能有害的蓝色光，而呈蓝色。另一方面，在比太阳暗的恒星周围的行星上，植物会最大限度地吸收光而几乎不会反射，所以看上去也许会是黑色的。

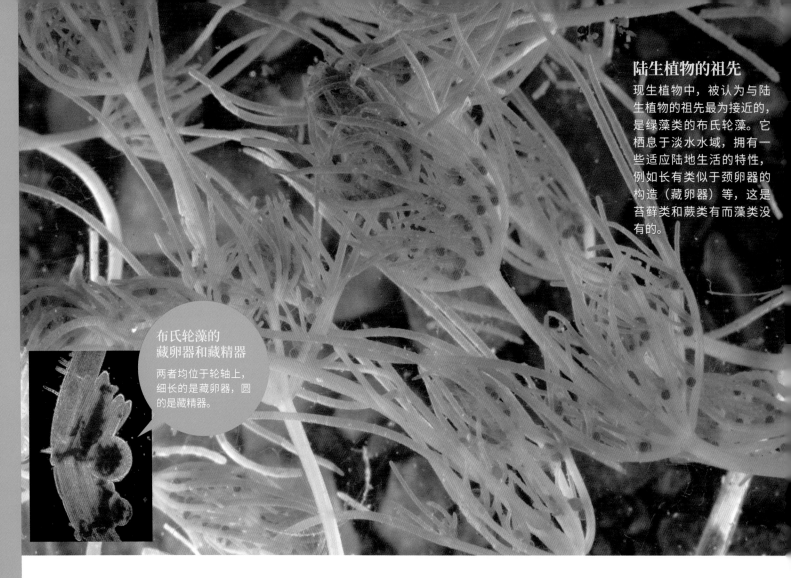

陆生植物的祖先

现生植物中，被认为与陆生植物的祖先最为接近的，是绿藻类的布氏轮藻。它栖息于淡水水域，拥有一些适应陆地生活的特性，例如长有类似于颈卵器的构造（藏卵器）等，这是苔藓类和蕨类有而藻类没有的。

布氏轮藻的藏卵器和藏精器

两者均位于轮轴上，细长的是藏卵器，圆的是藏精器。

追溯适应陆地生活的植物的进化过程

一般认为，与陆生植物的祖先最为接近的植物，是绿藻的近亲布氏轮藻类。不仅因为其用于光合作用的酶和生殖细胞的构造特征等和陆生植物相近，近年的基因分析也发现了它与陆生植物存在亲缘关系。然而，藻类在向陆地进发的过程中，还有几个问题必须解决。初期的陆生植物是怎么克服这些问题的呢？

武装身体，制造了孢子

植物首先需要克服干燥和紫外线（虽因臭氧层[注1]的形成而变弱，却依然存在）。它们用一层叫作"角质层"[注2]的膜覆盖身体表面，再在植株各处开一些叫作"气孔"的小孔，用来吸入二氧化碳并释放氧气。接下来，它们进化出用于运输水分和养分的通道组织，从而增加细胞强度，使得在陆地上也能支撑住身体。然后，它们又进化出一种包裹遗传信息的气囊，即"孢子"，以便利用空气流动进行繁殖。

拥有这些特征的植物化石碎片从奥陶纪地层就出现了。而最古老的能看出植物全貌的化石，要数志留纪中期地层中发现的库克逊蕨。库克逊蕨是一种既没

库克逊蕨的复原图
| *Cooksonia* |

轴状的身体几次分为两股，其顶端长有圆形的孢子囊。高度不超过 10 厘米，轴的直径有 1.5 厘米左右。

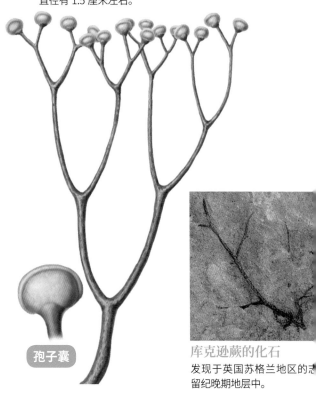

孢子囊

库克逊蕨的化石

发现于英国苏格兰地区的志留纪晚期地层中。

有根也没有叶的矮小植物，大致分为两股轴状的植株顶端连着孢子囊。虽然有简单的通道组织，但其细胞壁还很薄，发育不完全。

与现代植物联系紧密的维管植物登场

志留纪末以及泥盆纪，通道组织的细胞壁厚度增加，开始出现具备假导管[注3]的植物。而假导管的出现，正是包含蕨类植物和种子植物在内的种群"维管束植物"的发端。维管束是植物向自身输送水和养分的通道组织。现生的被子植物中，导管、筛管就属于这种组织。导管的细胞壁中所含的一种叫作"木质素"的化学物质产生了韧性。植物利用维管束对抗重力，支撑身体，体形越来越高大。

在苏格兰莱尼地区的泥盆纪早期地层中发现了很多植物化石。其中之一的莱尼蕨就是维管植物，长有明显的假导管。这里还能见到其他许多种类的植物化石，它们的维管束虽然形态相似，但分别处于各个发育阶段，可见在这一时期，植物的多样化进程加速了。

苔藓植物的生存方式和维管植物的生存方式

最早期的陆生植物中，苔藓植物不能不提。苔藓类虽也从藻类进化而来，而且是更加原始的种群，但因为以化石形态保留下来的苔藓非常少，所以它和维管植物的系统关

■现生被子植物的维管束

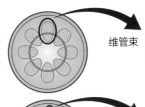

双子叶植物茎的横切面 → 维管束

单子叶植物茎的横切面 → 维管束

筛管
运送叶制造的营养的管道

形成层
使植物粗壮的组织

导管
运送根吸收的水分和养分的管道

筛管

导管

■长有维管束的莱尼蕨

植物体的横切面（左）与纵切面（右）。两张照片中央的黑色部分就是假导管束。细胞壁中累积有木质素，变厚了一些。

系还没有查明。很可能是从布氏轮藻进化而来的苔藓植物的祖先先行登陆，然后才分化出了具有维管束的种群。

没有维管束的苔藓植物，不仅体形微小，而且身上只能长一个孢子囊。为了弥补这一点，它们选择扩大个体数量来增加孢子数量，然后每个个体各自散布出孢子。与此相对，长有维管束的种群选择让体形变大，在单个个体上长出多个孢子囊，再从高处将孢子散布出去。这一种群后来分化出了有种子的植物种

树木之所以能长10多米高，可都是维管束的功劳啊！

科学笔记

【臭氧层】第22页注1
平流层内大约位于地面以上20～25千米处，是臭氧浓度较高的区域。臭氧是3个氧原子结合成的氧分子。臭氧层吸收紫外线，保护地面上的生命。地球诞生时本来没有臭氧层，但在通过光合作用放出氧气的蓝藻诞生后，大气层中的氧气含量增加，逐渐形成臭氧层，6亿年前，臭氧层的浓度猛然上升。

【角质层】第22页注2
表皮的细胞壁上附着有蜡一样的物质，起到阻隔水和气体的作用。它可以防止植物体内的水分蒸发，也可以抵御紫外线和病毒的入侵，保护自身。

【假导管】第23页注3
主要是裸子植物和蕨类植物所具有的通道组织。细长的管道彼此相连，形成一束。其上散布着一些小孔，连接管道与管道。细胞壁很硬，兼具将水分运输到体内和支撑身体的作用。

最先登上陆地的是什么植物？

观点⚡碰撞

最先登陆的植物究竟是什么样的，现在还不清楚。曾经有学说认为，最先登陆的是先进化出维管束植物（蕨类），后来又退化产生了苔藓植物，该观点现在已经被否定了。又有学说认为，最初是苔藓植物登陆，后来派生出维管束植物，但并没有发现证据。科学家推测，可能是苔藓类的祖先先登陆，后来分化出了苔藓植物和维管植物。

在现生陆生植物中，苔藓拥有最为原始的特征

植物登上陆地

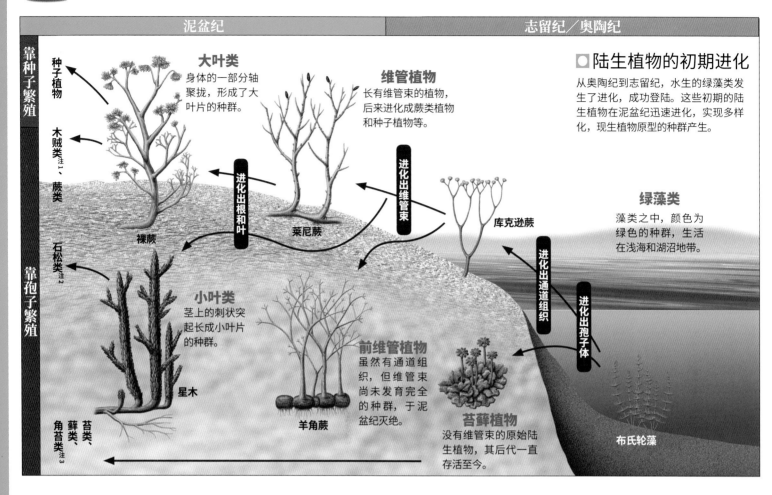

| 泥盆纪 | 志留纪／奥陶纪 |

靠种子繁殖

大叶类
身体的一部分轴聚拢，形成了大叶片的种群。

种子植物

木贼类注1、蕨类

维管植物
长有维管束的植物，后来进化成蕨类植物和种子植物等。

裸蕨

莱尼蕨

进化出根和叶

进化出维管束

库克逊蕨

□ **陆生植物的初期进化**
从奥陶纪到志留纪，水生的绿藻类发生了进化，成功登陆。这些初期的陆生植物在泥盆纪迅速进化，实现多样化，现生植物原型的种群产生。

绿藻类
藻类之中，颜色为绿色的种群，生活在浅海和湖沼地带。

进化出通道组织

进化出孢子体

靠孢子繁殖

石松类注2

小叶类
茎上的刺状突起长成小叶片的种群。

星木

苔类、藓类、角苔类注3

前维管植物
虽然有通道组织，但维管束尚未发育完全的种群，于泥盆纪灭绝。

羊角蕨

苔藓植物
没有维管束的原始陆生植物，其后代一直存活至今。

布氏轮藻

群。最终，早期多样化的陆生植物中，只有苔藓植物和维管植物留下的子孙成功存活至今。

因植物的登陆而形成了土壤，诞生了新的生态系统

在植物成功登上陆地之后，蜱螨类等节肢动物也登陆了。这样一来，植物和动物的尸骸在菌类的作用下被分解，土壤渐渐发育起来。土壤不仅能留住水分，还吸收矿物质中溶解出来的营养盐。为了利用这些水分和养分，起初没有根的维管植物开始发育出根。同时，为了让光合作用进行得更加有效，又开始在身体的上半部分发育出叶。产生了这一系列进化的一部分维管植物不久后便成了树木，形成森林。

植物的登陆制造了肥沃的土壤，使陆地上出现了全新的生态系统，为之后陆地生物的繁荣奠定了基础。

近距直击

一直与植物共生的菌根菌注4

植物除光合作用合成的糖以外，还需要磷、氮等营养盐，植物会通过根从土壤中吸取营养盐。但是，在土壤尚未发育形成，植物自身也没有发达根系的情况下，原始的陆生植物又是怎么做的呢？其实，它们正是让菌根菌这种容易汲取营养盐的菌类寄生在体内，利用它们的菌丝获得了营养盐。菌根菌现在依然和植物共生，这种关系已经延续了4亿多年。

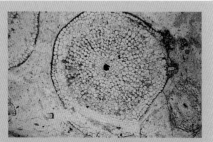

这是从赖尼地区的泥盆纪地层中发现的植物化石横切面。在其中央维管束周围的白色组织中，那些黑色的就是丛枝菌根菌

科学笔记

【木贼类】 第24页注1
蕨类植物的一个种群。在现生植物中，问荆属于此种群。茎上有节，顶端长出孢子囊穗。

【石松类】 第24页注2
蕨类植物的一个种群，长有原始的维管束，叶小。泥盆纪到石炭纪期间，曾与木贼类一同大型化，形成过森林。

【苔类、藓类、角苔类】
第24页注3
苔藓植物大致可分为苔类、藓类、角苔类，现生种类约有2万余种。苔类包括地钱等，藓类包括桧叶金发藓等，角苔类包括黄角苔等。

【菌根菌】 第24页注4
长在植物的根周围或长入植物内部，与植物共生的菌类。它们将菌丝吸收的营养盐提供给植物，作为交换，它们会获取植物光合作用所合成的养分。据研究，现生的陆生植物中有80%以上都与菌根菌共生。

探寻原始陆生植物的"根"的起源

最初的植物是既没有根也没有叶的

最原始的陆生植物没有根也没有叶，甚至连茎都没有——确切地说，是没有分化出来。

叶是进行光合作用的器官，长在茎上。根则从地下吸取水和养分。现在的陆生植物，主要分苔藓植物、蕨类植物、种子植物三个种类。苔藓植物如桧叶金发藓，看上去似乎有茎也有叶，但那些组织其实并不是真正的茎和叶。"根、茎、叶"等定义只能用于蕨类植物和种子植物等维管植物。

观察志留纪的库克逊蕨和泥盆纪早期的莱尼蕨等原始陆生植物，会发现它们如金属线一般的"轴"只会不断地分裂成两股生长，并没有叶和根。因此，没有叶的植株不能称作"茎"，而是"轴"。在匍匐于地面的轴的下方，长有苔藓植物中多见的假根，它们发挥了根的作用。

然而，在莱尼蕨时代的土壤化石（古

■最早出现的根的化石

图中是加拿大西南部的加斯佩半岛海岸露出的泥盆纪早期（约 3 亿 9000 万年前）的古土壤。可以看见朝下侧分散的褐色的根（图中画圈的部分）。

土壤）中，也曾发现过展开分支的根系。在泥盆纪的早期，有根的植物就已经出现了。

根是从什么地方发育出来的呢

叶是由位于茎顶端的成长点下的细胞群（原基）发育而来的。原基的位置在茎的表皮附近，而叶则是茎的组织增生出来形成的（外生）。而长在茎上的叶的基部上方形成新的生长点，发育出枝。

与此相对，根则是在原本位于茎下方的维管束中形成原基，然后以此为成长点，突破维管束外侧的叫作皮层的茎组织长出来的（内生）。在维管植物中，根很可能是分大叶类和小叶类这两个方向分别进化的，但在内生这一点上，两者又是相似的。

与莱尼蕨一同出土的一种叫"诺齐

亚"的植物化石中，其轴的中央虽有细小的维管束，但仔细观察会发现，维管束的一部分亦可见于长有假根的下侧，这一部分皮层的组织与周围的不一样。内生发育出的根的根部，应该曾是这样的构造吧。

随着根的发育，植物汲取的水分增多，也拥有了可以支撑地上部分的坚固支撑力。森林这一崭新的绿色空间的出现，又是距"诺齐亚"生存年代约 2000 万年以后的事了。

■原始陆生植物的假根

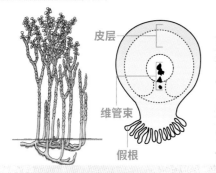

皮层

维管束

假根

发现于苏格兰的泥盆纪早期莱尼植物群的一种——"诺齐亚"的全体图（左）及假根的切面模式图（右）。

西田治文，1954 年生。千叶大学研究生院理学研究科硕士。研究古植物学。2003 年获日本古生物学会学术奖。著有《植物一路走来》（NHK 出版）等。

绿藻类

| Green algae |

成为各种陆生植物起源的种群

藻类大约 30 亿年前诞生于大海中。之后它们产生了各种各样的进化，其中，一种生活在最浅水域的绿色藻类登上了陆地。而现在我们仍然可以在浅滩看到多种多样的绿藻类。

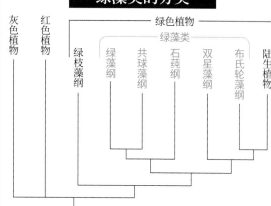

绿藻类的分类

"绿藻"狭义上指绿藻植物门的"绿藻纲"，但在这里我们用以泛指拥有绿色的光合成素——叶绿素 a 和叶绿素 b 的藻类。学界根据不同的定义提出了多种植物系统，若按上述表格绿藻类不包含绿色植物中的陆生植物（苔藓植物和维管植物）和绿枝藻纲，但囊括了绿藻纲以及布氏轮藻纲等。

【石莼】

| Ulva lactuca |

分布在北方海域的石莼属的一种。它生活在会受到潮涨潮落影响的浅海。春夏时节，它们在海底岩石等地大量生长。长大之后会脱离岩石，随海流漂荡。体形大者，其长度可以超过 1 米。

石莼的群落是薛氏海龙等的藏身之所

数据	
分类	石莼纲
大小	10～30厘米（横截面）
分布	北海道、朝鲜半岛近海，美洲西岸，大西洋等
生存环境	海水

【琉球伞藻】

| Acetabularia ryukyuensis |

一种栖息于温暖海域的海藻，柄部细如针，顶端长有伞状的圆形生殖器官。伞的部分一旦发育成熟，直径可达 1～1.5 厘米。常生长在珊瑚尸骸上、岩石上或潮池中。

数据	
分类	石莼纲
大小	4～6厘米（柄的高度）
分布	奄美群岛或八重山诸岛近海
生存环境	海水

【团藻】

| Volvox |

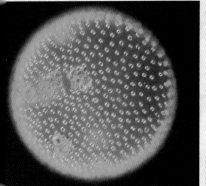

通常生活在湖水和沼泽等处，于夏秋季节繁殖，是数千个生有两根鞭毛的细胞聚集形成的胶状球形群体。所有细胞朝同一方向划动鞭毛，一边旋转，一边朝某一方向游动。

里面的生殖细胞（子）成长到一定时候，会从母体中脱离出来独立生活。两天后就会诞生下一代

居	
类	绿藻纲
小	1毫米（群体的直径）
布	世界各地
存环境	淡水

近距直击

* * *

能制造石油系油脂的绿藻类

20 μm

生存在淡水中的团藻如今备受瞩目。其他的众多藻类制造出的都是甘油三酯（植物系油脂），而团藻制造出的却是烃（石油系油脂），所以它作为一种可能替代汽油等的燃料被寄予厚望。现在它的年产量为每1公顷约10吨，如果年产量能达到这一数据的10倍，就可以将它以相当于石油的价格投入使用了。研究正在紧锣密鼓地进行当中，以期将其投入实际使用。

（上）团藻在显微镜下的照片。形成的是一个 0.03～0.5 毫米左右的群体
（下）培养团藻的情形

杰出人物

化学家
梅尔文·卡尔文
（1911—1997）

利用绿藻类发现了光合作用的过程

卡尔文和生物学家安德鲁·本森经过在美国加利福尼亚大学的常年研究，一起发现了光合作用的过程。卡尔文通过让绿球藻等绿藻类吸入含放射性碳成分的二氧化碳，发现了植物在进行光合作用的过程中二氧化碳转变成糖分的路径。他揭示了叶绿素在日光的作用下，会促使二氧化碳转变成糖分。这个路径因其发现者而被命名为"卡尔文-本森循环"。卡尔文也因这个发现获得了1961年的诺贝尔化学奖。

【水绵】

| Spirogyra |

在世界各地的河川湖沼中都很常见。仅在日本已知的就有 80 种以上，在水温 20 摄氏度左右的环境中最易生长。可见细管状的细胞连接在一起，其中叶绿素呈螺旋状排列。

在水田一类的环境中，水绵容易大量繁殖

数据	
分类	双星藻纲
大小	0.03～0.09毫米（细胞切面）
分布	世界各地
生存环境	淡水

【鞘毛藻】

| Coleochaete |

生存于河川、池塘、沼泽等浅滩上。呈圆盘状，或树状的多细胞体，细胞呈放射状密集排列。其细胞分裂和生殖的样式与陆生植物类似，因此和布氏轮藻一样被认为是与陆生植物祖先是最为接近的近亲。在志留纪晚期到泥盆纪早期的底层中，曾发现与鞘毛藻十分相似的帕尔卡藻化石。

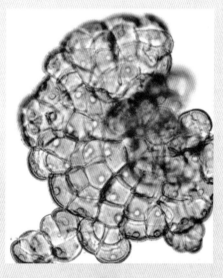

数据	
分类	布氏轮藻纲
大小	约0.02毫米（细胞长度）
分布	世界各地
生存环境	淡水

【绿球藻】

| Chlorella |

生活在淡水水域的球状或椭圆形微小藻类。繁殖能力非常强，约 24 小时就可增殖 4 倍。富含维生素、矿物质、蛋白质等营养元素，被用于生产健康食品和营养剂。

将绿球藻加工成片的健康食品

数据	
分类	共球藻纲
大小	0.002～0.01毫米（细胞直径）
分布	世界各地
生存环境	淡水

拥有众多固有种的"生物标本室"

黥基·德·贝马拉哈

位于马达加斯加马哈赞加州，1990年被列入《世界遗产名录》。

位于印度洋上的马达加斯加岛在1亿年前与冈瓦纳古陆分离，6500万年前成了完全孤立的岛屿。位于岛屿西部的黥基·德·贝马拉哈自然保护区里，如尖塔一般形状奇特的石灰岩连绵不绝，巨大的猴面包树林立其间。这个没有大型哺乳动物的岛，成了当地固有物种的乐园。以约40种狐猴为代表，珍稀动物在这里享受着它们的生命。

独特的狐猴

维氏冕狐猴

后肢比前肢长，在陆地上移动时，会像跳跃或跳舞一样横跳。

白颈狐猴

体长约50厘米，尾长约60厘米，是狐猴科中最大的。特征是其颈部酷似围巾的毛。目前濒临灭绝。

环尾狐猴

在其比身体还长的尾巴上长有黑白相间的环状花纹。会将前肢和后肢张开坐下，让腹部沐浴阳光。

指猴

特征是拥有一对大耳和锋利的指甲，因其前肢的中指异常长而被称为"恶魔的使者"。

**形状奇特的岩石像尖塔一般耸立，
贝马拉哈台地的壮丽景观**

石灰岩台地因雨水侵蚀而形成的贝马拉哈
台地奇观位于马达加斯加岛西部，是1亿
6000万年前开始形成的。奇岩群平均高30
米。"黥基"的意思是"动物无法居住的土
地"。的确如此，在这个不毛之地，仅有极
少量的植物生存。

所谓超级单体雷暴，是指高度到达1万9000米的"水平旋转巨大积雨云"。

那一天，暗灰色的超级单体雷暴很快卷出了一个漏斗状的云柱。那奇异的景象，仿佛从天上踩下了一只脚似的。那只"脚"边旋转边移动，就像在搜寻什么似的。当那只脚快要踩到地面时，大地也向上卷起了旋涡，仿佛在呼应它。一根连接天地的螺旋巨柱越转越快，越转越粗，带着雷电和暴风雨在地上席卷而过。那震耳欲聋的轰鸣声，正是卷走一切、破坏一切的声音……

绝大多数的龙卷风都是由超级单体产生的。2013年5月30日和31日，袭击美国俄克拉荷马州中部整整两天的龙卷风造成34人死亡，12000多栋建筑物基本损毁。龙卷风的规模是"F5"，那是能将整幢住宅吹飞而且不留痕迹的程度。

在此期间，三名专业"追风者"（追逐超级单体，用最先进的机器观测龙卷风，为科学家提供影像和数据）丧生。坚固的改造车被风暴吞噬。这三人当中，有拥有20年从业经验的提姆·萨马拉斯，他们对于龙卷风可说是了如指掌，但为何最终丧生了呢？

先来看看超级单体是如何产生的吧。

不同性质的大气相遇

在短时间和较小范围内，被称为"终极风暴"的龙卷风，在世界各地均会发生。发生次数最多的是美国。根据1950年到2007年间的统计数据，年间平均发生次数是874起。其中，有大约10起的猛烈程度达到了F4或F5。

近年来，超级单体龙卷风的形成原因已经基本查明。

通过分析美国的典型案例发现超级单体龙卷风多发于3月到6月之间。从墨西哥湾吹来的暖湿气流沿着密西西比河流域北上。另一方面，来自北极和加拿大的冷而干燥的气流沿着落基山脉的东侧南下。这两团性质差别极大的气流一旦相遇，大气状态就会变得非常不稳定。

随着强到足以吹上平流层的上升气流的产生，伴随着雷雨和冰雹，激烈下沉气流也会产生。加之雷雨中心附近的上升气流开始急速旋转，这一现象有一定概率转化成龙卷风。

有一个朴素的疑问：墨西哥湾

龙卷风以每小时100千米以上的速度移动，瞬间最大风速可达到每秒30～100米。上图是2010年袭击了俄克拉荷马州的龙卷风

超级单体雷暴的威胁

专业的"追风者"为何丧生？

2013年5月31日，一场龙卷风袭击美国俄克拉荷马州，世界著名的『追风者』因此丧生。这场剥夺了经验丰富的追风者生命的超级单体雷暴究竟是怎样的？

冷而干燥的空气流入云层

云层底部面向地表产生强下沉气流（下降的气流）

地表附近的暖湿大气流入云层

龙卷风

超级单体的构造是立体的，十分复杂

1998 年 5 月的纽约州的受灾情况。龙卷风的中心部产生低气压旋涡，将一切吸到空中破坏殆尽

2013 年 5 月 30 日，在俄克拉荷马州列克星敦近郊的农场上空也出现了超级单体

吹来的暖气流和加拿大吹来的冷气流为什么会移动呢？

若以单纯的一般理论来解释，促使大气流动的原因是高气压和低气压的相遇。为了中和两者之间的空气密度差，大气才发生了流动。那么，气压差又是怎么形成的呢？

首要的原因是地球是圆的。因为地球是圆的，所以地表接受太阳热量的情况便有差异。受太阳直射的赤道附近的温度高，而太阳光很难照到的极地则很寒冷，正是这种温度差造成了气压差。当然，各种不同的地形也有一定的影响。然而归根结底，正是地球的形状引起了一连串的连锁反应，最终导致超级单体发生。

人类面对龙卷风能做什么？

美国史上最大的龙卷风于 1925 年 3 月袭击了美国中部的三个州，死亡人数达 695 人。

在 20 世纪 50 年代到 70 年代间的美国，人们对于龙卷风还知之甚少，曾经制订过几个意图人工控制龙卷风的计划，比如用导弹破坏龙卷风漏斗云，通过撒布干冰和碘化银来强制发展下沉冷气流让龙卷风消失，终告失败。有人甚至认为雷是龙卷风的能量源，所以向云层中发射带避雷针的火箭，企图消除云的带电状态。而现在，人们已经知道，龙卷风的发生和雷电并没有因果关系。那之后，研究不断深入，预测龙卷风的技术也取得了长足的进步。现

在已经可以在龙卷风发生的 12 分钟之前发出警报，因龙卷风而死亡的人数锐减。尽管如此，究竟怎样的超级单体会诱发龙卷风，人们依然没有找出决定性的判断依据。

那么，为什么专业的追风者会丧生呢？是龙卷风行动诡秘，连经验丰富的业内人士也没能预测吗？据说他们的车辆损毁十分严重，其残骸甚至散落到了 800 米开外。这些用生命换来的观测数据，今后也会为解开龙卷风之谜发挥作用吧。

Q 志留纪到底有多热？

A 志留纪被认为是地球史上气温非常高的时代。因为大陆间的碰撞使得火山活动活跃，喷出的岩浆放出了大量的热。有人认为当时地球的平均气温比现在高出 4～5 摄氏度，甚至有人认为当时的最高气温达到了 64 摄氏度。不管怎么说，志留纪的气候非常温暖这一点是毋庸置疑的。温暖的气候让覆盖极地的大量冰川融化，海平面上升了。另外，海水温度也很高，珊瑚、层孔虫、海绵动物加速了礁石的形成，礁石甚至发展到了北纬 50 度。研究认为其规模之大可以匹敌现在的大堡礁。

Q 未来的大陆会变成什么样子？

A 大陆一直在移动中重复着聚合和分离，周期性地形成超级大陆。现在是约 2 亿 5000 万年前诞生的泛大陆分裂后漂散开来，其间形成了大洋的状态。一般认为在大约两三亿年后，各大陆会再次聚合，形成超级大陆。根据以往的理论，新的超级大陆会在太平洋或者大西洋上形成，但 2012 年美国耶鲁大学的研究团队发表的研究成果认为，南北美大陆和欧亚大陆会在北极附近聚合形成超级大陆。因为是美洲和亚洲合体，所以这片大陆被命名为"美亚大陆"。

科学家认为两三亿年后，现在的五大陆将在北极地区聚合形成超级大陆"美亚大陆"

澳洲板块
印度板块
欧亚板块
北美板块
北极点
南美板块
非洲板块

Q 陆地上有多少种植物？

A 奥陶纪到志留纪期间登陆的植物，现在究竟有多少种呢？陆生植物中光是有名字的就有大约 29 万种。其中最多的是被子植物，至少有 25 万 8650 种。相对的，裸子植物仅有 861 种，蕨类植物有 1 万 2000 种。另外，没有维管束的苔藓植物大概是 1 万 9000 种。也就是说，现在陆生植物中维管植物占大多数。

会开花的被子植物的种类数量是陆生植物之最。这张照片里是较原始的被子植物玉兰的近亲林仙

Q 有再次回到海洋中的植物吗？

A 鲸的祖先们就是在进化过程中再次回到海洋的动物。那么，植物中有没有再次回到海里的呢？答案是，有。像大叶藻和喜盐草等被称为"海草"的被子植物就是如此。其实，陆生植物中，再次回到海洋中的只有被子植物。个中的秘密就藏在生殖器官的构造里。因为被子植物种子的前体——胚珠被包在雌蕊壁中，所以花粉只要沾到雌蕊顶端的柱头上就可以了。这一封闭构造的进化降低了海水对受粉过程的影响。

因为大叶藻是被子植物，所以会在水中开花，还会结果

鱼的时代

4 亿 1920 万年前—3 亿 5890 万年前

[古生代]

古生代是指 5 亿 4100 万年前—2 亿 5217 万年前的时代。这时地球上开始出现大型动物，鱼类繁盛，动植物纷纷向陆地进军，这是一个生物迅速演化的时代。

—顾问寄语—

北海道大学综合博物馆研究员　富田武照

远古时期的鱼类是我们的祖先。

泥盆纪是鱼的时代，多种多样的鱼类繁盛于海洋河流，也是鱼类迈出登陆第一步的时代。

通过研究这个时代的鱼类，我们知道了四肢、颌、牙齿、耳朵等各类器官是在水中生活时期进化出来的。

泥盆纪鱼类进化的故事，也是我们人类自身起源的故事。

泥盆纪的海洋里充满了不可思议的鱼类，让我们一起去探秘吧！

远古时期 "水族馆" 的印迹

从志留纪到泥盆纪，世界各处海域出现了种类繁多的鱼类。因此，泥盆纪被称为"鱼类时代"。西澳大利亚的金伯利地区在当时是水深约100米的珊瑚礁海域。这里的戈戈组地层保存了大量泥盆纪晚期鱼类化石，表明这一带曾经就像水族馆，鱼类在这里畅游。

**澳大利亚金伯利地区
盖奇峡谷国家公园**

位于西澳大利亚的盖奇峡谷国家公园，有成片露出地表的石灰岩层，它们是在约 3 亿 8000 万年前的泥盆纪晚期由珊瑚礁形成的。在这片位于菲茨罗伊河流域的地区，人们发现了多达 45 种泥盆纪时期的鱼类化石，且保存状态极好。

新主角"盾皮鱼"

鱼类作为脊椎动物的祖先,在寒武纪登场之后经过逐步进化,到泥盆纪已发展到种类多样、遍布全球海洋的程度,以至于泥盆纪号称"鱼类时代"。这其中的 45 种曾经栖息在现今澳大利亚金伯利地区的戈戈组地层。当时,拥有颌骨的"盾皮鱼"是鱼类的王者。从无颌类演变成有颌类,颌的进化使得盾皮鱼可以捕获更大的猎物,在泥盆纪的海洋里迅速登上了主角的宝座。

艾登堡鱼母　　沟鳞鱼

菊石登场

菊石的繁盛和它卷曲的外壳息息相关

泥盆纪早期，海洋里又诞生了新物种。这种拥有美丽螺旋形外壳的生物叫作菊石。如今，菊石化石作为古代生物的代表被人们所熟知。

正因为外壳卷曲，才得以灵活移动

从因海退和海进导致生物大量灭绝的奥陶纪，到生物再次在海洋繁衍生息的志留纪，浅海区域形成了许多以珊瑚和海绵为主的礁石，构成了丰富的生态体系。

志留纪结束泥盆纪开始时，菊石登场了。菊石同乌贼和章鱼一样，属于头足类，由鹦鹉螺目进化而来。鹦鹉螺目在古生代出现了许多分支。这其中有一个外壳呈直锥形的杆石目分支，外壳卷曲的菊石就是从这一支演化而来的。

它们为什么要把壳卷起来呢？这是因为从志留纪到泥盆纪，海洋环境发生了变化。进入泥盆纪后，以鱼类为代表的更加强大的捕食者接连出现，海洋成为弱肉强食的世界。将外壳卷起来后，菊石可以更加灵活地移动，从而更好地适应了那个时代。这个策略令菊石在泥盆纪海洋严酷的生存竞争中胜出，泥盆纪晚期菊石演化出一万多个类种，进入繁盛期。

大概就是"欲速则卷"的感觉吧！

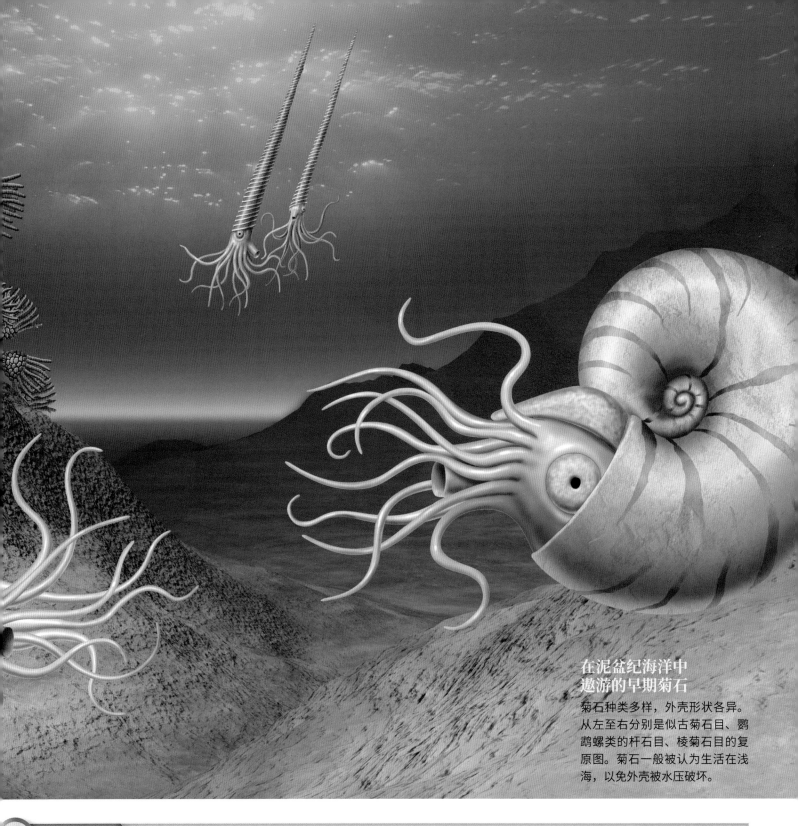

在泥盆纪海洋中遨游的早期菊石

菊石种类多样，外壳形状各异。从左至右分别是似古菊石目、鹦鹉螺类的杆石目、棱菊石目的复原图。菊石一般被认为生活在浅海，以免外壳被水压破坏。

近距直击

泥盆纪的命名由来

与得名于古代部落名称的奥陶纪、志留纪不同，泥盆纪的名称来源于英国西南部的德文郡，因为该地区的泥盆纪地层是最早被研究的。19世纪，人们从分布于德文郡的志留纪和石炭纪地层之间发现了不属于这两个年代的珊瑚化石，便称这一新发现的地质年代为泥盆纪。

从发现泥盆纪地层的德文郡延伸到南部的多塞特郡的东德文海岸（左图）。摩洛哥、德国等地也有泥盆纪地层，特别是摩洛哥东南部的艾尔福德地区（右图），可以找到大量的菊石化石

菊石和鹦鹉螺的区别

两者内部都有"隔壁",将壳内分隔成多个小空间(气室),并有细长的体管连接各腔室。它们最大的区别在于菊石螺旋状外壳的始端有球状的壳体(胎壳),而鹦鹉螺没有。以下图片中的菊石来自白垩纪时期,鹦鹉螺来自现代。

现代鹦鹉螺

表面

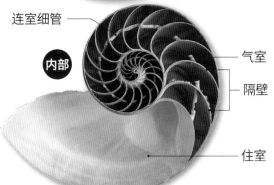

连室细管

内部

气室

隔壁

住室

菊石

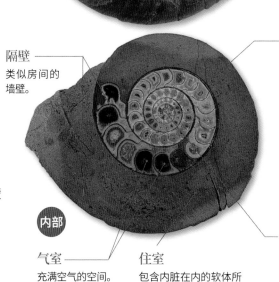

表面

缝合线
隔壁与外壳相接的线。因为菊石的缝合线纹样看起来像菊花的叶子,所以被称为"菊石"。

连室细管
由有机物形成的体管。

隔壁
类似房间的墙壁。

内部

气室
充满空气的空间。

住室
包含内脏在内的软体所居住的空间。

胎壳
球状胎壳位于螺旋中心,是外壳卷曲的始端。这是菊石的特征。

现在我们知道!

用『小而多』的繁殖策略在海里繁衍生息的菊石

菊石出现于4亿400万年前,当时海里开始出现强大的捕食者。比起原本直锥形[注1]的外壳,卷曲成圆盘状的外壳使菊石得以向更多方向移动,且更好控制。更加灵活自由,意味着遇到捕食者时更容易逃脱,在发现猎物时也更容易靠近。

菊石的生存策略可不只改变形状这一条,它们还改变了繁殖方式。把菊石和鹦鹉螺繁殖特征的对比看,会觉得很有意思。

完全相反的繁殖策略,孰好孰坏?

菊石通过分泌富含碳酸钙[注2]的液体,在老壳上接新壳,从而使壳体不断成长。因此,越靠近中心的壳年代越久。从菊石外壳的中心部分可以观察到在卵里就已形成的胎壳。研究孵化时胎壳的大小可以发现,无论哪种菊石的胎壳直径都在1毫米左右。菊石的近亲、同属头足类[注3]的乌贼族群里有一种生活在远洋的乌贼,它们的卵直径也在1毫米左右,产卵数量可达数十万颗。人们推测菊石也同样采用了这种"小而多"的繁殖策略。

与之相对,根据研究,现代鹦鹉螺的卵直径可达20~40毫米,但每次只会产1到2颗。

也就是说,诞生于泥盆纪早期的菊石采用了"大量产小型卵,只需部分成活即可"的繁殖策略。

而寒武纪晚期就已登场的鹦鹉螺,为了提高每只小鹦鹉螺的成活率,产卵量少,但每颗卵的个头却

文明与地球 **彗星和人类**

古代的神之石?

菊石的学名"Ammonite"有"阿蒙(Ammon)的石头(-ites)"的意思。阿蒙原本是古埃及底比斯的地方神,后来与太阳神"拉"融为一体,成为埃及的主神。公羊是阿蒙的化身。菊石长得像公羊的角,因而得名。

埃及最大的神庙——卡纳克神庙的甬道上整齐排列着象征阿蒙化身的公羊像。羊角的形状让人联想到菊石。

鹦鹉螺亚纲　　**菊石亚纲**　**蛸亚纲**

□ **分支众多的头足类**

菊石、乌贼、章鱼、鹦鹉螺在生物学中都被归为头足类。杆石目是菊石、乌贼和章鱼分化前的共同祖先。比起外形相似的鹦鹉螺，菊石和乌贼、章鱼的关系更近。

新生代	2.6	第四纪
	23	新近纪
	66	古近纪
中生代	145	白垩纪
	201	侏罗纪
	252	三叠纪
	298	二叠纪
古生代	358	石炭纪
	419	泥盆纪
	443	志留纪
	485	奥陶纪
	541	寒武纪
	(百万年前)	

鹦鹉螺目　箭钩角石目　触环角石目　袋角石目　叠盘角石目　珠角石目　内角石目　爱丽丝木角石目　直角石目　杆石目　似古菊石目　海神石目　棱菊石目　前碟菊石目　齿菊石目　菊石目　乌贼类　章鱼类

原来菊石、乌贼、章鱼的祖先是同一个呀！

大得多。从这两种截然不同的繁殖策略中可以看出当时的环境变化。如果环境稳定，菊石就没必要选择和鹦鹉螺不同的繁殖方式。在泥盆纪严酷的环境中，"小而多"的策略或许更合适。

菊石依靠这些生存战略演化出一万多个物种，却在诞生约3亿4000万年后的中生代末灭绝。而鹦鹉螺幸存到今天，身体构造也几乎没有改变。和菊石采用相同繁殖策略的头足类近亲乌贼也存活至今。所以判定菊石和鹦鹉螺的繁殖策略孰优孰劣，恐怕还为时尚早。

科学笔记

【直锥形】 第42页 注1
像锥子一样自底面向顶端逐渐变尖的立体构造。当底面为圆形，且圆心与顶点的连线与底面垂直时，称为直立圆锥。据说如右图所示的直锥形外壳能够减少在水中受到的阻力。

【碳酸钙】 第42页 注2
钙离子和碳酸根离子构成的无机物。碳酸钙大量存在于方解石、冰洲石、霰石、石灰岩、大理石、白垩等天然岩石内，也是贝壳、蛋壳等的主要成分。碳酸钙不溶于水，在高温下分解为二氧化碳和氧化钙。

【头足类】 第42页 注3
软体动物门头足纲所有动物的总称。乌贼、章鱼、鹦鹉螺、吸血鬼乌贼以及已经灭绝的菊石等都属于头足类。头足类的身体分躯干、头、触手等部分，且触手有多条。

地球进行时！

建筑石材里可能会有大发现？

商场、车站等建筑物的石材里发现菊石化石的例子不少，说不定你也能在身边意想不到的地方发现它们。最近，出土了始祖鸟化石的德国索伦霍芬产的石灰岩被作为一般建筑石材引进日本，说不定在日本参观新家时能发现菊石。如果找到至今还没有被发现的菊石软体部分的化石，那就是历史大发现了！

图为嵌在墙壁石材中的菊石化石。在玄关瓷砖中发现它们的可能性也很高

显著提升移动灵活性的圆盘形外壳

菊石通过调节其软体部分的"漏斗"并喷水来进行移动。研究认为，菊石在直锥形时期，由于浮心和重心离得远，虽然上下移动不难，但横向移动却不容易，因为会引起摇晃。变成圆盘形后，浮心和重心离得近了，菊石就可以运用漏斗向选定的方向自由移动，拐弯也灵活了很多，速度更是有了显著提升。

直锥形菊石擅长上下移动。圆盘形菊石能够向所有方向流畅地移动。

随手词典

【漏斗】
由触手的一部分变化形成的肌肉质器官，用于吸入和排出呼吸所需的海水。漏斗呈筒状，通过改变其朝向，就能够自由调节并移动方向。

【浮心和重心】
浮力的中心为浮心，质量的中心为重心。静止状态下，浮心和重心处在一条直线上。

【棱菊石目】
出现于泥盆纪中期，在二叠纪（2亿9890万年前—2亿5217万年前）灭绝的早期菊石的一种，一般外壳光滑，卷曲得较密实。

【海神石目】
出现于泥盆纪晚期，贴近背侧的连室细管是其特点，在泥盆纪末期灭绝。

元杆石
| *Metabactrites* |
似古菊石目。外壳大致和可肯菊石相同，但尖端更加向内卷。

阿内多菊石
| *Anetoceras* |
似古菊石目。外壳在逐渐变得更卷。

埃尔本菊石
| *Erbenoceras* |
似古菊石目。以德国的菊石研究者埃尔本博士命名。外形已接近圆盘形。

杰出人物

古生物学家
H.K. 埃尔本
(1921—1997)

将菊石作为生物进行研究的开山鼻祖

H.K. 埃尔本是德国古生物学者，是对菊石进行生物学意义研究的先驱。当时，研究菊石主要是为了测定地质年代，而他将菊石的生态也纳入了研究范畴。"菊石的外壳是由直锥形逐步转变成圆盘形的"这一说法就是他提出来的。也许是因为德国菊石产量较多，古生物学研究兴盛，埃尔本的接班人也层出不穷。

原理揭秘

早期菊石外壳的演化

可肯菊石
| Kokenia |

似古菊石目。外形仍接近直锥形，但尖端开始卷曲，弧度平缓。

扁杆石
| Lobobactrites |

杆石目。外壳开始逐渐卷曲，分化出菊石。

无棱菊石
| Agoniatites |

似古菊石目。从杆石目开始演化了500万年，终于出现了拥有完全圆盘形外壳的物种。从这时开始到泥盆纪中期出现了棱菊石目，晚期出现了海神石目。

类棱角菊石
| Mimagoniatites |

似古菊石目。离完全变成圆盘形只有一步之遥的过渡物种。虽然外壳卷曲得还不太紧实，但螺线的密度已经很高了。

泥盆纪早期，菊石从介于它与鹦鹉螺类之间的直锥形的杆石目分化出来，外壳逐渐卷曲，形成了螺旋状外形。

菊石从直锥形到完全变成圆形，大约花了500万年。借助各个时期在地层中发现的处于各进化阶段的化石，我们可以推测出这个过程。现在，让我们通过复原图来看看菊石的外壳是如何进化的吧！虽说是进化的中间阶段，但它们都有自己的名字，都是名副其实的菊石。

45

盾皮鱼的崛起

天呐！要是被这样的颌骨袭击了，那瞬间就完啦！

长出颌骨的鱼类——盾皮鱼

脊椎动物划时代的进化

寒武纪大爆发以来诞生了多种多样的生物，它们进化出了眼睛、骨骼、脑等部位。到了志留纪，脊椎动物经过进一步演化，长出了『颌』。

让捕食变得更轻松的强有力"武器"

有着好像马上就要狠狠咬下来的血盆大口及狰狞的脸，几乎被错看成恐龙……这张照片的主角是出现在泥盆纪海洋里的"盾皮鱼"，是货真价实的鱼类。

脊椎动物的祖先，诞生于寒武纪海洋的鱼类，到奥陶纪时已经有了鳞，越来越接近现代鱼类的模样。进入志留纪后，它们更是迈出了进化的一大步，长出了"颌"。

当时，没有颌骨的无颌类是鱼类的主流，这对进化出颌骨的鱼类是有利的，因为它们可以捕获更大的猎物。于是，自然就出现了体形更大的鱼类，叫作"盾皮鱼"。它们是从头部到颈部都覆盖着骨质"盔甲"的甲胄鱼[注1]，在泥盆纪的海洋里畅游，可以说是当时海里的主角。

泥盆纪，各种各样的鱼类开始出现，生机勃勃地活跃在当时的海洋里，使这一时期得名"鱼的时代"。这其中，长出颌骨的意义到底有多大，居然令盾皮鱼成了当时的代表鱼类？让我们去一探究竟吧。

邓氏鱼
| *Dunkleosteus* |

图为被称为古生代最大鱼类的巨型盾皮鱼——邓氏鱼头部化石的复制品。据说，较大的邓氏鱼身长可达10米，拥有强有力的颌骨。

科学笔记

【甲胄鱼】 第46页 注1
身体前半部分覆盖着硬质骨板的古生代鱼类的总称，包括已经灭绝的无颌类、盾皮鱼类。

【鳃弓】 第48页 注2
位于鱼类头部后方，支撑鳃的弓状骨。

【棘鱼类】 第49页 注3
出现于志留纪晚期，在泥盆纪达到全盛的古老鱼类。它们主要生活在淡水区，除尾鳍以外的所有鳍上都长着发达的刺，于2亿5217万年前的二叠纪灭绝。

【软骨鱼类】 第49页 注4
骨骼由软骨构成的品种。由于软骨很难变成化石留存下来，所以主要依靠牙齿和鳞辨别古生代的软骨鱼类。

【辐鳍类】 第49页 注5
由骨质鳍条支撑的鳍是其特征。诞生于志留纪晚期，是所有鱼类中发展得最繁荣的一种。现代鱼类95%以上都属于辐鳍类。

拥有颌骨的好处

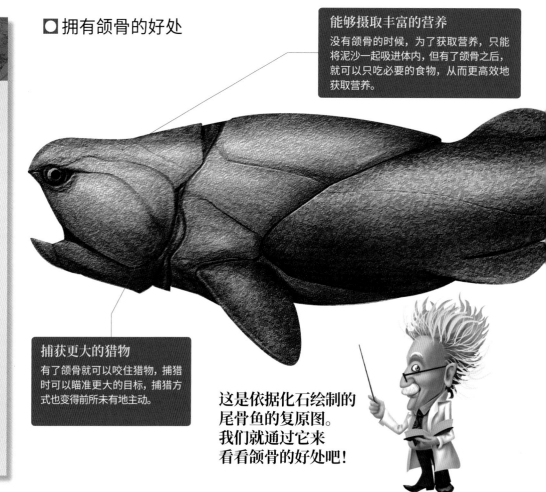

能够摄取丰富的营养
没有颌骨的时候，为了获取营养，只能将泥沙一起吸进体内，但有了颌骨之后，就可以只吃必要的食物，从而更高效地获取营养。

捕获更大的猎物
有了颌骨就可以咬住猎物，捕猎时可以瞄准更大的目标，捕猎方式也变得前所未有地主动。

这是依据化石绘制的尾骨鱼的复原图。我们就通过它来看看颌骨的好处吧！

现在我们知道！

最大限度活用颌的特性、称霸泥盆纪海洋的盾皮鱼

张嘴，闭嘴，抓住猎物并咬碎……这些动作只有"颌"才能做得到。

现在，包括人类在内的大部分脊椎动物都有"颌"这一构造。这个我们每天理所当然地在用的器官，起源可以追溯到古生代的鱼类。要知道颌骨的出现是多么伟大的"发明"，我们得先了解无颌鱼类的嘴是什么样的。

从无颌类进化而来的有颌鱼类——盾皮鱼

说到没有颌的鱼类，顾名思义，就是出现于寒武纪的最初的鱼类——无颌类。研究认为，它们的嘴无法开合，只是张开一个口，像吸尘器一样将海底生物和泥沙一起吸进肚子。也就是说，它们连不需要的东西也一起吸进体内，从中过滤出可以吃的东西。虽然这种进食方式在当时无可厚非，但并不是一种高效的营养摄取方法。也有人推测，正因为如此，无颌类的体形才没有变得很大。

在无颌类为主流的鱼类世界

鳃还是喉咙？关于颌骨来源的两种猜想

观点碰撞

关于颌骨是如何进化出来的，现阶段存在两种说法：1. 由支撑鳃的鳃弓注2 的前端部分进化而来；2. 由隔开口腔和咽喉的骨骼进化而来。然而，无论以上哪种说法都还不是定论。

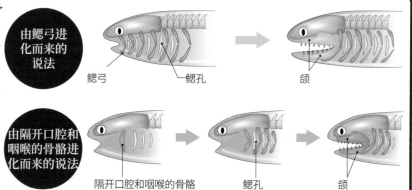

由鳃弓进化而来的说法
鳃弓　　鳃孔　　颌

由隔开口腔和咽喉的骨骼进化而来的说法
隔开口腔和咽喉的骨骼　　鳃孔　　颌

尾骨鱼
| *Coccosteus* |

尾骨鱼连接头部和背部骨骼的关节发达，嘴巴能够张得很大。研究认为，虽然尾骨鱼全长只有约40厘米，但和巨大的邓氏鱼是近亲。它们在海底捕猎，以小型动物为食（生活在泥盆纪中晚期）。

里，拥有颌骨的盾皮鱼登场了。它们是头部披着"铠甲"的甲胄鱼的亲戚。人们从志留纪晚期的地层中发现了盾皮鱼的化石，虽然数量不多，但可以推测盾皮鱼诞生于志留纪或者更早。或许，在志留纪之前就已经从无颌类进化出最早的有颌鱼类，但目前还没有发现相应的化石可以佐证这一猜想。

此外，关键的颌骨的起源，至今还是未解之谜。现阶段存在多种说法，例如"颌骨是由支撑鳃的鳃弓发展而来的"等。

颌的出现
使高效捕食成为可能

当时的盾皮鱼的颌只是上下各一块单一骨头，虽然构造还很原始，但已经赋予了它们前所未有的能力。它们的嘴可以上下开合了。

这个开合的动作，使还无法咀嚼的盾皮鱼，可以捕食软体动物、无脊椎动物等较大的猎物了。也就是说，有了颌骨后，鱼类获取营养的效率与无颌骨时期相比有了显著提高。到了泥盆纪，盾皮鱼已经相当繁盛，发展出了多个类群且栖息地遍布全球的海洋。

怪物鱼称霸鱼类齐聚的海洋

泥盆纪是包括盾皮鱼在内的各种鱼类辐射性演化的时代。除了早已出现的无颌类、棘鱼类[注3]，还有包括酷似鲨鱼和鳐鱼的软骨鱼类[注4]，成为现代鱼类的辐鳍类[注5]，腔棘鱼等肉鳍类[注6]在内的6大类鱼类同时存在。再加上之后灭绝的种群，在地球史上，泥盆纪是唯一一个所有鱼类共存的时期，这也是它被称为"鱼的时代"的原因。

杰出人物

光辉灿烂的鱼类化石研究先驱

瑞典古生物学埃里克·斯天秀被誉为"20世纪最辉煌、最革新的鱼类化石学者"。他是鱼类化石研究领域的先驱，亦是权威。他在斯德哥尔摩自然史博物馆致力于脊椎动物的研究，尤其在志留纪和泥盆纪的无颌类、盾皮鱼类的研究上倾注了大量心血。数十年间，他详细研究各种鱼类化石标本，还对其中一些进行了复原。现在，我们之所以能清晰地了解到当年鱼类的模样，他贡献巨大。

古生物学家
埃里克·斯天秀
（1891—1984）

科学笔记

【肉鳍类】 第49页 注6
诞生于志留纪晚期的鱼类。肌肉质的鳍是它的特征。其中的肺鱼和腔棘鱼存活至今。四足动物也是肉鳍类的一员。

【石炭纪】 第50页 注7
石炭纪处于泥盆纪之后，3亿5890万年前一2亿9890万年前的时代，前接泥盆纪末大灭绝，后半则遇上冰川期。

【胎生】 第50页 注8
受精卵在母体内获取营养并发育成几乎和父母相同模样后再出生的形式称为"胎生"，相对地以卵的形式出生的称为"卵生"。除单孔类以外的哺乳动物都是胎生。在艾登堡鱼母被发现之前，最古老的胎生动物化石来自中生代三叠纪的海生爬行动物——贵州龙。

【卵黄囊】 第50页 注9
包裹卵黄的膜囊。胚胎通过吸收卵黄囊内的营养成长。

古生代至今的鱼类谱系和进化图

6大群体鱼类同时存在的时期只有泥盆纪。

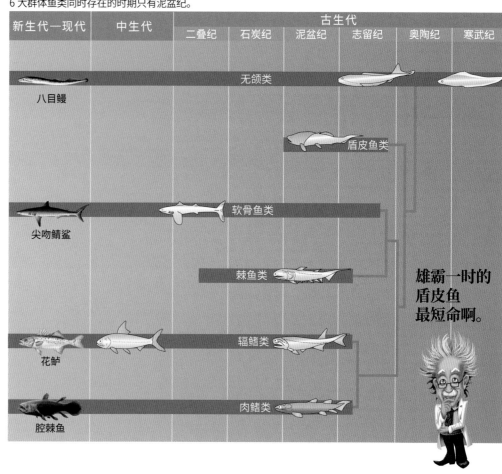

雄霸一时的盾皮鱼最短命啊。

或许，在那个年代，与其说古老的种群被新种群取而代之，不如说各个种群都在各自进化，鱼的种类变得越来越多样。

在这样的背景下，到了泥盆纪晚期，盾皮鱼中出现了一种体形巨大、像怪物一样的鱼。它们就是古生代体形最大的动物，体长可达10米的邓氏鱼。它们巨大的头部有甲胄覆盖，强有力的颌骨可以将各种鱼类咬碎，处于泥盆纪海洋食物链的顶端。能够用强劲的颌骨轻松捕获猎物的邓氏鱼，一定令所有生活在海洋里的生物闻风丧胆。

然而，看似在泥盆纪称霸了海洋的盾皮鱼类，却在石炭纪[注7]到来前灭绝了。虽说盾皮鱼灭绝的时间和泥盆纪晚期生物大量灭绝的时间吻合，但灭绝的原因仍是个谜。或许随着时间的推移，披着铠甲的沉重身躯反而成了缺点。最终，盾皮鱼成了泥盆纪鱼类中最早灭绝的一种。多么讽刺的结局。

盾皮鱼在泥盆纪达到鼎盛，但这样的繁荣只持续了大约1亿多年。在盾皮鱼之后，"颌"被其他鱼类"接手"，并最终成了几乎所有脊椎动物的重要器官。2013年，中国的志留纪地层里出土了早期盾皮鱼化石，从中可以观察到颌骨由多块骨骼构成。此前颌骨被认为构造简单，这一发现颠覆了科学家对颌骨的认识。虽然在漫长的生命史中，盾皮鱼存在的时间并不长，但由它们最先进化出的"颌"，却成了此后动物们不可或缺的器官。

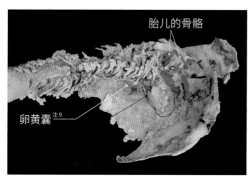

胎儿的骨骼

卵黄囊[注9]

胎生盾皮鱼——艾登堡鱼母

2008年，在澳大利亚西北部的泥盆纪地层中发现了盾皮鱼艾登堡鱼母的化石（左图），其中有脐带连着未出生的胎儿。这一发现将已知最早的脊椎动物胎生[注8]纪录向前推进了约2亿年。

艾登堡鱼母的复原图。它被认为是小栉齿鱼的近亲

卵生还是胎生? 生殖起源之谜

2008 年的大发现

人类的婴儿会在母亲的肚子里获取营养并发育后出生。这种巧妙的机制称为胎生。2008 年的大发现打破了我们对胎生起源的认知。

要了解这个发现的意义有多重大,我们得先看看人类以外的动物的生殖方式。在动物界,胎生的动物占少数,像鸡一样卵生的占多数。胚胎通过吸收卵里储藏的营养成长,最终破壳而出,这种生殖方式称为卵生。过去,我们一直以为像人类这样的胎生动物是从卵生的祖先进化而来的。

2008 年,在澳大利亚发现的盾皮鱼化石却动摇了这个"定论",因为在这块化石的肚子里发现了胚胎的化石。盾皮鱼被认为是像我们一样拥有颌骨的脊椎动物

■博物馆肩负的泥盆纪鱼类的研究

美国俄亥俄州的克利夫兰自然史博物馆的库房里,林立的架子上存放着大量从克利夫兰页岩发现的泥盆纪盾皮鱼和软骨鱼类的化石。与澳大利亚戈戈组地层一样,克利夫兰页岩出土的化石在泥盆纪鱼类研究中发挥着中心作用。

■鲨鱼的胎儿是解开生殖方式进化之谜的关键

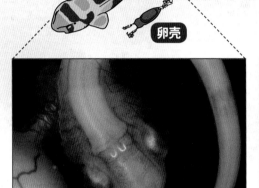
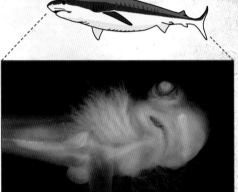

卵生鲨鱼(虎纹猫鲨,左图)和胎生鲨鱼(鼬鲨,右图)的幼体。它们有着和父母完全不同的外观。虽然两种生殖方法截然不同,但有一点是共通的,即它们在某一时期都会长出纤维状外鳃。

(有颌类)中最原始的一个种群。早期的有颌类是胎生的,也就是说胎生才是原始的,卵生可能是后来进化而来的。那么究竟是先有卵生还是先有胎生?随着这块化石的发现,巨大的谜团也随之产生。

"水族馆古生物学" 所揭示的生殖方式的进化

无论是胎生还是卵生,都具有令人惊叹的巧妙构造,比如胎生动物必定有给内脏和骨骼都不完善的胚胎输送营养和氧气的构造。然而遗憾的是,这些构造中的大部分都无法变成化石留存下来。

不过,想了解生殖方式的起源还有别的方法,那就是对现存鲨鱼的研究。有趣的是,鲨鱼既有卵生的品种,也有胎生的品种。作为原始有颌类的"幸存者",对鲨鱼生殖方式的研究可以帮助我们了

解化石中无法保存的有颌类生殖方式的起源。能够观察活体鲨鱼的水族馆,简直就是探索生殖起源的时光机。

近年,在冲绳美之海水族馆进行的研究发现,胎生的鲨鱼胎儿在母亲体内用鳃呼吸。这和卵生的鲨鱼胎儿在卵中用鳃呼吸是相同的。原来,胎生和卵生似乎并不是完全不同的生殖方式,两者在某种程度上从祖先那儿继承了相同的构造。随着类似发现的增多,我们应该能逐渐弄清鲨鱼的祖先采用了怎样的繁殖方法。先有卵生,还是先有胎生?要弄清这个围绕人类起源的谜团,还有很长的路要走。

富田武照,生于 1982 年。东京大学研究生院理学系研究科地球行星科学专业博士。2011—2014 年,任日本学术振兴会特别研究员。现任北海道大学综合博物馆资料部研究员,进行探明鲨鱼、鳐鱼类进化的研究。

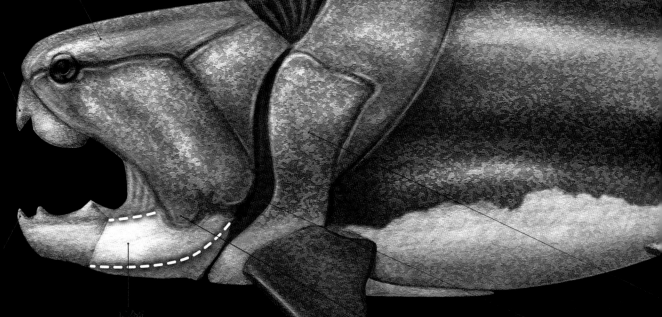

头骨

邓氏鱼的头部覆盖着巨大的头骨。

联结头部和胸部的关节

邓氏鱼的头部和胸部的骨板之间有合页状关节联结，使上颌能够大幅向上活动。

上颌前端

邓氏鱼的上下颌前端部分都很锋利。研究认为其上颌能够较大幅度向上活动，且张口速度较快。

下颌前端

虽然看起来像牙齿，但只是下颌骨的前端部分。研究认为邓氏鱼在捕猎时，锯齿状的部分可以像牙齿一样紧紧咬住猎物。

下颌

邓氏鱼的一对下颌骨上附有闭颌肌，利用关节可实现上下活动。

颌关节

负责活动下颌骨。

泥盆纪的
盾皮鱼

泥盆纪的盾皮鱼种类多样，形态各异。它们中的大部分生活在海里，也有一些物种分布在河流湖泊等淡水区。

奇梦鱼

| *Gemuendina* |

像鳐鱼一样圆圆的身体上覆盖着小小的骨板，嘴向上开。（全长 30 厘米 / 泥盆纪早期）

翼甲鱼

| *Pterichthyodes* |

头顶较高，身体后段覆盖着大块鳞片。镰刀状的胸鳍是其特征，生活在湖里。（全长 20 厘米 / 泥盆纪早中期）

月甲鱼

| *Lunaspis* |

从头部延伸至背部的锯状凸起是其特征。身体覆盖着相连的鳞片。（全长 25 厘米 / 泥盆纪早期）

小栉齿鱼

| *Ctenurella* |

当时的盾皮鱼以甲胄鱼为主，它却只有眼睛和胸部有护甲，与现代黑线银鲛相似。（全长 13 厘米 / 泥盆纪晚期）

沟鳞鱼

| *Bothriolepis* |

宽大的头部和胸部有骨板覆盖，胸鳍上有关节，生活在湖泊河流里，颌骨较小。（全长 30 厘米 / 泥盆纪晚期）

邓氏鱼属于盾皮鱼中的节甲鱼目，曾广泛分布在海中，捕猎鱼类为食。目前发现的化石只有头部、胸和胸鳍。摩洛哥、比利时、美国等国多地都发现了邓氏鱼的化石。（全长6～10米，体重约3.6吨／泥盆纪晚期）

邓氏鱼
《Dunkleosteus》

原理揭秘

古生代体形最大的盾皮鱼——邓氏鱼

躯干

一般研究认为邓氏鱼的躯干以软骨为主体，背鳍和尾鳍较短。目前尚未发现躯干部分的化石。也有观点认为邓氏鱼没有鱼鳔，必须不停地游动。

胸部的骨板

邓氏鱼的胸部覆盖着巨大的骨板，起到保护作用。

咽喉

邓氏鱼无法咀嚼，只能吞食猎物。它们一般会把无法消化的骨头等吐出来，但也有吞食了棘鱼之类的猎物后因鱼刺扎入喉咙并堵塞咽喉至死的情况。

拥有怪物一样的颌骨，称霸泥盆纪海洋的巨型盾皮鱼——邓氏鱼。

一般研究认为，虽然邓氏鱼的颌骨构造比较原始，但尖锐如金属板的骨板代替了牙齿，能够迅捷地咬住猎物。在当时的海洋里，邓氏鱼的血盆大口一旦张开，其他生物就只有认命了。让我们以头部构造为中心来了解一下邓氏鱼吧。

咬合力的差别

	咬合力	
57,000 牛		霸王龙
17,790 牛		大白鲨
16,460 牛		湾鳄
5,330 牛		邓氏鱼
1,000 牛		成人男性

问鼎古生代海洋

虽然邓氏鱼有一张吓人程度不亚于恐龙的脸，但研究发现，其咬合力只有5330牛，不及曾拥有陆生动物最大颌骨的霸王龙、现代的大白鲨等。不过，想必在古生代的海洋里已属顶级。

无颌类的繁荣

形形色色的泥盆纪无颌类

独特的物种真多，太有意思了！

泥盆纪，拥有强劲颌骨的盾皮鱼称霸海洋。那么，在此之前就已存在的无颌类怎么样了？它们也在用它们的方式进化着，使当时的海洋变得更加热闹。

即使没有颌也丰富多彩的鱼类

在泥盆纪的海洋里，形形色色的鱼类熙熙攘攘。它们更加多样化，按照各自的方式繁衍生息。以邓氏鱼为代表的各类捕食者的出现或许激化了生存竞争，但想必当时形形色色的鱼类来来往往的海洋一定很热闹吧。

在海洋里，"无颌类"显得格外有个性。它们作为最原始的脊椎动物之一在寒武纪登场，并在奥陶纪进化为无颌的甲胄鱼，在志留纪到泥盆纪期间披上了更加多彩的铠甲，进化出丰富多彩的形态。它们居住的环境也很多样，有些物种能够在海底匍匐而行，有些物种头部前端有长长的凸起，活跃于海洋中层，还有的物种过着群居生活。

相对捕食者而言，当时的无颌类是需要加强防守的那一方。随着环境的变化，它们演化出了各种形态，让泥盆纪的海洋变得多姿多彩。

头甲鱼 | *Cephalaspi* |

头部的甲胄呈现盖住左右胸鳍的角状，一般认为它生活在淡水中。

泥盆纪形形色色的无颌类
有的物种在海底或河底生活，有的物种比较擅长游泳，在中层水域活动。有的物种则选择群居。它们各自在更适合生存的地方繁衍生息。

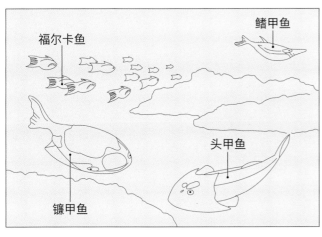

福尔卡鱼

鳍甲鱼

镰甲鱼

头甲鱼

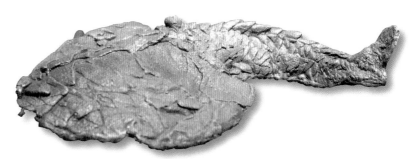

镰甲鱼｜ *Drepanaspis* ｜
拥有扁平宽大的甲胄，一般认为它外形类似现代鳐鱼，贴着泥沙爬行。

出土无颌类化石的"死亡谷"
美国加利福尼亚州死亡谷国家公园以复杂多样的地质构造著称，出产各种年代的生物化石。泥盆纪的无颌类鳍甲鱼的化石也在这里被发现。

远古海洋里的靓丽风景线——千姿百态的无颌类

早在距泥盆纪 5000 万年前的奥陶纪中期，以亚兰达甲鱼为代表的无颌类已经进化成了头戴甲胄、身披鳞片的姿态。然而，当时的无颌类种类少，身体结构也很简单，只有圆圆的头部、躯干和尾鳍。

无颌类真正变得多样化，是在将近 2000 万年后的志留纪。在盾皮鱼繁盛的海洋，无颌类经过适应性辐射[注1]，保留奥陶纪进化出的特征，在泥盆纪演变出了各种各样的形态。这之中到底发生了哪些变化呢？

因拥有短甲和胸鳍游泳水平上升？

在奥陶纪，无颌类的甲胄通常较长，从头部延伸至躯干，但到了泥盆纪，仅覆盖头部的短甲（头甲）成了主流。它们也被叫作"头甲类"，头甲鱼是其中的代表。正如其名，头甲鱼的头部包裹在头盔状的甲胄里，身体有鳞片覆盖。它们大部分是生活在湖泊河流中的淡水鱼，除了拥有甲胄以外还有一个特点，那就是拥有胸鳍。研究认为，头甲鱼在长出了发达的胸鳍后，又进化出了活动这些胸鳍所需的肩带[注2]，在这个过程中甲胄也缩短了，这是头甲类群体共同的进化。有了胸鳍后，它们的游泳能力相比之前肯定有了显著的提升。

近距直击

也有不披铠甲的小型无颌类

在卡通形象似的个性派汇聚一堂的无颌类中，有一种罕见的不披铠甲的鱼——福尔卡鱼，全长约 6 厘米，外形像天使鱼一样小巧可爱。它们过着群居生活，在海洋中底层水域活动。

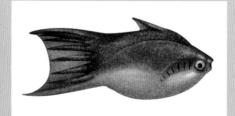

福尔卡鱼的复原图，身体覆盖着小小的鳞片，两边分叉的大尾鳍是其特征

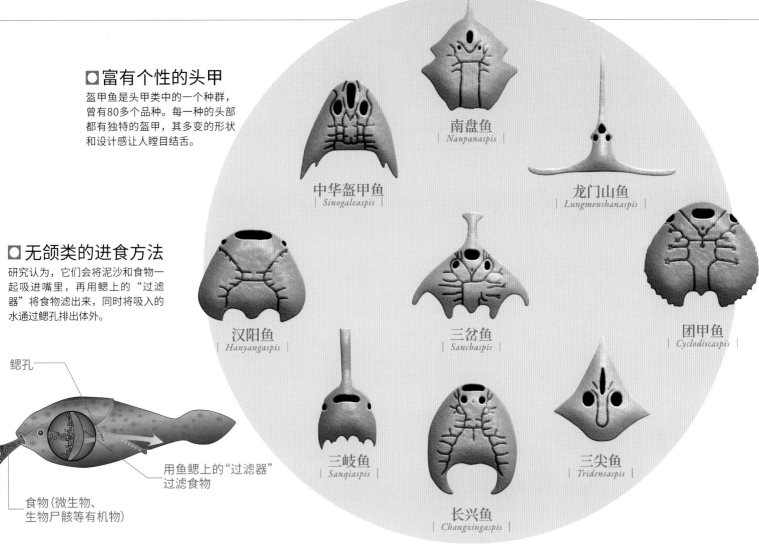

富有个性的头甲

盔甲鱼是头甲类中的一个种群，曾有80多个品种。每一种的头部都有独特的盔甲，其多变的形状和设计感让人瞠目结舌。

南盘鱼
| Nanpanaspis |

中华盔甲鱼
| Sinogaleaspis |

龙门山鱼
| Lungmenshanaspis |

无颌类的进食方法

研究认为，它们会将泥沙和食物一起吸进嘴里，再用鳃上的"过滤器"将食物滤出来，同时将吸入的水通过鳃孔排出体外。

汉阳鱼
| Hanyangaspis |

三岔鱼
| Sanchaspis |

团甲鱼
| Cyclodiscaspis |

鳃孔

用鱼鳃上的"过滤器"过滤食物

食物（微生物、生物尸骸等有机物）

三岐鱼
| Sanqiaspis |

长兴鱼
| Changxingaspis |

三尖鱼
| Tridensaspis |

从淡水到河底
适应辐射的种类

同样，也有在海洋、河口的中层水域活动的无颌类，它们的甲胄很独特。泥盆纪早期出现的"鳍甲鱼"是它们的代表。它的头部覆盖着左右两侧有翼状凸起的甲胄，并且有像鸟类的喙一样长长的"吻"，背上有防御用的刺状长棘，相当有个性。因为甲胄的形状，这个群体也被称为"翼甲类"。它们中有一种叫"长甲鱼"的鱼，它甲胄两侧也有形似翅膀的长长的外骨骼。它们的头部前端像锯鲨一样有长条锯齿状凸起，其形成原因还不明确。

外观自不必说，适应性辐射范围之广也是无颌类的一大特点。

最初生活在海底的无颌类，在进化过程中发展出更加多样的物种，有擅长游泳的，也有适应海底环境而发生特化的，因

此它们的栖居范围得到了很大拓展。能够在海底爬行的镰甲鱼也是翼甲类的一员，无颌类的栖息地之多，可见一斑。

无颌类之所以变得如此多样，主要是因为它们在较早的阶段就演化出了防御用的甲胄，并且终身都在持续发展和进化，不愧是甲胄鱼的"鼻祖"。

然而，无颌类也随着泥盆纪的终结几乎全军覆没。最终，它们和同为甲胄鱼的盾皮鱼一样走向了灭亡。灭绝的决定性原因也和盾皮鱼一样不得而知。存活至今的无颌类只有在广义上被归为鱼类的八目鳗和盲鳗所属的圆口纲。

鱼类的先驱
也已经不在了啊……

科学笔记

【适应性辐射】 第56页注1
在进化过程中，同出一源的生物为了适应不同的环境而在形态和生理上发生分化，形成多个不同的体系并不断强化。

【肩带】 第56页注2
位于脊椎动物的肩部，是前侧胸鳍、前肢骨骼和肌肉的基座部位，也指将上述部位固定在躯干上的骨骼，相当于人类的锁骨和肩胛骨。

地球博物志

菊石家族

| Ammonite |

值得赞叹的一万种外壳设计

菊石种类上万，每一种的外壳都有独特的风格。外壳在一个平面上按螺旋状路径卷曲成圆盘形的称为"正常卷曲"，而卷曲过程中部分展开或变直的称为"异常卷曲"。即使同属"异常卷曲"类，不同品种又有不同的卷法。让我们来看看各目菊石的外壳吧。

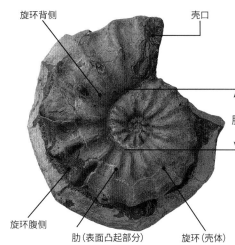

外壳各部位名称

旋环背侧　　　　壳口

旋环腹侧　　肋（表面凸起部分）　旋环（壳体）

虽然不同的菊石会有一些特有的部位，但基本都有上这些构造。

【碟海神菊石】

| Discoclymenia cucullatus |

海神石目的一种。海神石目繁盛于泥盆纪晚期，灭绝于泥盆纪末。这一目的菊石形态多种多样，有圆盘状且卷曲较密的种类，也有卷度松散的种类，有壳体表面光滑的，也有表面带肋状凸起的，等等。有别于其他菊石，海神石目菊石的连室细管靠近背侧。

数据

种别	头足类海神石目
年代	泥盆纪晚期
产地	摩洛哥艾尔福德
直径	约4厘米

【棱菊石】

| Goniatites multiliratus |

棱菊石所属的棱菊石目出现于泥盆纪中期，世界各地都有分布，但到泥盆纪末，大部分都灭绝了。幸存的一小部分再次在世界范围内适应辐射，在石炭纪和二叠纪又繁盛了一段时间。但它们最终在二叠纪末灭绝了。棱菊石目的外壳多为球形，卷度较密，壳体表面平滑。

数据

种别	头足类棱菊石目
年代	石炭纪早期
产地	美国俄克拉荷马州
直径	约5厘米

【神保菊石】

| Jimboiceras mihoense |

名字是为了纪念日本古生物学先驱神保小虎。神保菊石属菊石目。石目出现于三叠纪早期，在三叠纪末面临灭绝的危机，但其中的一部分通过适应性辐射，到侏罗纪、白垩纪发展出了包括异常卷曲在的众多种类，达到全盛。

数据

种别	头足类菊石目
年代	白垩纪晚期
产地	北海道小平町
直径	约22厘米

【菊石群】
Accumulation of ammonites

人震撼的菊石密布的
石。有研究认为，这是
量菊石尸骸被水流带
淤水处聚集后形成的
石，说明白垩纪海洋里
活着数量众多的菊石。
这些大小形状不一的
石中，也能看到异常卷
类的身影。

居	
别	头足类菊石目
代	白垩纪晚期
地	北海道远别町
度	约50厘米

🔍 近距直击
● ● ●

北海道是著名的菊石产地

北海道是闻名世界的菊石产地，在各地区发现了各种各样的
白垩纪时期（1亿4500万年前—6600万年前）的菊石化石。特
别是位于北海道中部的"虾夷层群"，镌刻着白垩纪中期到晚期
5000万年以上的菊石的记录。或许当地的环境适合保存化石，连

出土的小型化石都保存得
很好。

夕张市的修保罗河也是菊石产
地，曾出土过直径达1米的巨
大化石

【日本菊石】
Nipponites mirabilis

菊石目异常卷曲类的一种，拥有蜿蜒曲折的独特造型。其特征是成
初期的卷曲是展开的螺旋状，到中期以后变成歪歪扭扭的U字形。

本菊石最早在日本
发现，因此得名。
初，人们以为这种
常的卷曲是一种畸
，直到发现了一些
样形状的化石后才
定是一个种类。

据	
别	头足类菊石目
代	白垩纪晚期
地	北海道小平町
度	约18厘米

【美德利克菊石】
Medlicottia intermedia

美德利克菊石属于前碟菊
石目。前碟菊石目出现于
石炭纪早期，到二叠纪末
几乎灭绝。虽有一小部分
幸存，但它们在之后并没
有变得多样化，最终在三
叠纪早期全部灭绝。美德
利克菊石目外壳一般为圆
盘状，壳体表面光滑。

数据	
种别	头足类早碟菊石目
年代	二叠纪早期
产地	哈萨克斯坦乌拉尔山脉
直径	约7厘米

菊石的螺旋
文明 与 地球
"卷曲"之美带来的造型灵感

　　菊石的螺旋状外壳
总是按固定的角度卷曲，
这被称为"等角螺线"。
这种造型的美感影响了不
少艺术家和建筑师。由高
迪设计的著名的圣家族大
教堂的阶梯，就模仿了菊
石的构造。

圣家族大教堂的螺旋阶梯，
台阶之间的落差很像菊石
的气室

【齿菊石】
Ceratites nodosus

齿菊石所属的齿菊石目出
现于二叠纪中期，到二叠
纪末濒临灭绝。幸存的几
种在三叠纪海洋里适应辐
射，一度达到全盛，但在
三叠纪末全军覆没。这一
目菊石中既有外壳表面平
滑的，也有含肋或疙瘩状
凸起的，种类多样。

数据	
种别	头足类齿菊石目
年代	三叠纪中期
产地	德国中西部
直径	约10厘米

北半球最大的珊瑚礁

伯利兹堡礁

位于伯利兹沿岸加勒比海地区，1996 年被列入《世界遗产名录》。

距离伯利兹本土 20 千米的加勒比海岸是一片温暖的海域，阳光毫不吝啬地倾泻而下，海面全年平均水温 20 摄氏度以上，最适合珊瑚生长。这里不仅有南北绵延 250 千米的堡礁，还有 3 大环礁以及众多珊瑚礁小岛，对海洋生物来说是充满魅力的乐园。这里甚至生活着一些濒危物种，是一片富饶的海域。

汇聚在这片富饶海域的海洋生物

珊瑚

仰赖于能够抵达水下 50 米的阳光，与珊瑚共生的虫黄藻的光合作用非常活跃。这片海域生活着 65 种珊瑚。

紫青低纹鮨

鮨科低纹鮨的一种。鲜艳的蓝色是它的特征，是极具人气的观赏鱼。它是加勒比海特有的鱼类，是雌雄同体。

玳瑁

最大的体长超过 1 米，特点是头部有像鸟喙一样突出的嘴。人类以取其甲壳为目的，对其进行过度捕杀，现在玳瑁已有灭绝危险。

美洲海牛

身长约 4 米，体重可达 1 吨的哺乳动物。它们脾气温驯，据说是美人鱼的原型，目前正面临灭绝的危机。

在海中张开巨口的大蓝洞

巨大的海底洞窟的开口部，直径约 318 米，水深约 125 米。洞窟内有海里无法形成的钟乳石洞，可见这里曾是陆地。

61

生物的内在节奏——生物钟

昼夜节律

从动物到细菌，几乎所有生物的生命活动都以24小时为周期，这叫作『昼夜节律』。

据说，人类的昼夜节律周期约为24小时10分钟。

如果人类的生物钟和地球自转节奏一致，那周期应该是24小时才对，为什么会多出10分钟呢？

人类的生物钟位于身体的哪个部位？

我们人类配合着地球自转引起的昼夜更替，将1天规定为24小时，并依此生活。

那么，如果待在完全没有光照的地方，这个周期是不是就会发生显著变化呢？答案是否定的。即使在没有光照的环境下，身体内在生命活动还是和地球自转保持着基本一致的节律：晚上会睡着，早上会醒来。

准确来说，身体内在周期的"一天"略微长些。让实验者在漆黑的洞窟中生活的实验表明，虽然存在个体差异，但受试者感知的昼夜会在12天后颠倒，又在24天后恢复到和地球自转一致。近年的实验也表明，人体内在的"一天"平均下来比地球自转一周的时间略长一些，约为24小时10分钟。

生物以一天为周期的生命活动称为"昼夜节律"。

有关昼夜节律的记录可以追溯到18世纪，当时有人发现"放在暗处的植物维持着周期约为24小时的规律性变化现象"。尽管这方面的研究直到20世纪50年代才真正开始，但目前我们已经知道这被称为"生物钟"的构造位于身体的哪个部位了。

哺乳动物的生物钟位于下丘脑。下丘脑是控制体温、睡眠、食欲、性欲等生存相关激素分泌的器官，承担生物钟功能的视交叉上核就位于其中。该区域密集分布着的神经元掌管着生命活动的节奏，因而被称为生物钟神经元。

视网膜接收到光线等外界的信号后，视交叉上核会根据该信号调节生理节律，并传递给大脑和末梢神经，从而控制体温、睡眠等。

研究认为，人体昼夜节律周期虽然略长于24小时，但视交叉上核在感受到每天早晨的光照后会拨快生物钟，从而使我们跟上24小时的节奏。

人体生物钟设定得略长于地球自转周期的原因

到了1997年，研究人员发现生物钟神经元中含有控制节律的基因，并命名为生物钟基因。生物钟神经元就是通过这种基因的蛋白质化反应实现对身体内在节律的控制的。

生物钟基因的发现使得研究进展突飞猛进，研究人员发现不只视交叉上核，大脑皮层、肝脏、心脏、皮肤、黏膜等几乎所有的末梢组织里都存在生物钟基因。人类的身体里装着大量"时钟"。

法国科学家让 - 雅克·德奥图斯·德迈兰发现放在阴暗处的含羞草的叶子到了白天会打开，这是最早有关昼夜节律的记录

末梢组织的节律周期和视交叉上核的周期相比略有延迟，损坏视交叉上核会导致昼夜节律消失，因此，视交叉上核的生物钟被称为母钟，而其他组织的生物钟被称为子钟。母钟发挥中心作用，并和分散在身体各处的子钟协作，维持准确的昼夜节律。

那么，假如母钟停了，昼夜节律就再也恢复不了了吗？

在一个实验中，研究人员每天定时投喂因视交叉上核遭破坏而丧失母钟的老鼠，一段时间后，其生命活动周期又恢复到了约 24 小时。这个实验表明，除了明暗刺激以外，进食所产生的刺激也会对生物钟起作用。此外，研究还表明，生物钟全面失调，或者母钟和子钟长期不协调，容易引起双相障碍（躁郁症）、心血管疾病等各类病症。

反过来看，昼夜节律的研究可以应用于疾病的预防和治疗。目前，将用药时间和昼夜节律结合以提升治疗效果的研究正在推进，其中有些已开始被用于医疗实践中。

动植物、菌类、藻类，甚至细菌，几乎所有的生物都有昼夜节律，且周期都在 23 小时至 24 小时之间。这被认为是为了配合地球自转的周期，但为什么人类的昼夜节律比 24 小时长呢？

有人认为这是因为地球的自转速度在逐渐变慢。人类的祖先诞生时的地球，一天时长不到 24 小时。人类为了在自转速度逐渐下降的地球上存

活、繁衍子孙而延长了生物钟，发展出了在感受到清晨的阳光后校正为地球自转时间的机能。

然而，这只是一种假说，这个谜题目前仍未被解开。

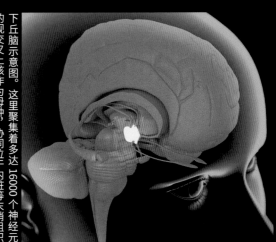

下丘脑示意图。这里聚集着多达16000 个神经元的视交叉上核作为母钟，协同位于内脏等末梢组织的子钟，控制着周期约为 24 小时的昼夜节律

Q 哪里可以采集到菊石化石?

A 在日本，虽然北海道是最具代表性的菊石产地，但其他各地也分布着不同时代的菊石。特别是海岸、河岸的崖壁上常有露出地表的地层，最适合寻找化石。仔细看看海岸、河滩上的小石头，如果能在其中发现菊石，说明附近的崖上很可能有蕴藏着菊石的地层。如果想了解化石产地的具体信息，可以咨询博物馆的专业人员。

Q 同样是头足类，
乌贼为什么没有壳呢?

A 菊石和鹦鹉螺类因为有壳，所以没法像鱼一样自由快速地游动，但是从杆石目中发展出了一个用身体的一部分包裹外壳、将其塞入体内的分支，这就是原始乌贼的诞生。被塞入体内的外壳最终退化，而肌肉质的身体越来越发达。抛弃了外壳，拥有了发达肌肉的乌贼，游泳能力变得和鱼相差无几。虽然抛弃了祖先的外壳，但它们中的一部分依然以软甲（位于体内的薄型骨片）的形式保留着外壳的印记。

在海中悠然自得地游来游去的莱氏拟乌贼，乌贼的同类们没有保留硬质外壳，在海里幸存

Q 为什么葡萄酒的标签上会有菊石的图案?

A 标签上印着菊石图案或者把菊石作为商品名的葡萄酒不在少数。这代表它们的葡萄种植园里发现过菊石化石，也是一种宣传——"出产菊石化石＝这片土地曾经是海洋＝有很多贝类化石等石灰质沉积物＝土壤中矿物质含量丰富＝最适宜酿造美味葡萄酒的种植园"。作为世界级葡萄酒产区的法国勃艮第就处在侏罗纪时期的石灰质土壤中，其中的夏布利地区出土了大量小型牡蛎化石。

将菊石作为标志的意大利托斯卡纳地区的葡萄酒

Q 古生代鱼类的名字是怎么来的?

A 无颌类和盾皮鱼的名字和它们的形态一样有个性。它们中的大部分是按照特征或发现地点来命名的。比如盾皮鱼中的月甲鱼，因为甲胄两侧呈月牙形，而月亮在拉丁语中称为 Luna，遂得名，意为"像月亮一样的甲胄"。格明登鱼则是因为其发现地位于德国的格明登而得名。邓氏鱼的名字是为了纪念学者邓克尔，而其所属的"恐鱼科"，顾名思义，就是"恐怖的鱼"的意思。

无颌类中的长甲鱼的名字来自它的外形，意为『带长枪的甲胄』

生物的目标场所:陆地

4 亿 1920 万年前—3 亿 5890 万年前
[古生代]

古生代是指 5 亿 4100 万年前—2 亿 5217 万年前的时代。这时地球上开始出现大型动物，鱼类繁盛，动植物纷纷向陆地进军，这是一个生物迅速演化的时代。

第 67 页　图片 /PPS
第 68 页　图片 / 阿拉米图库
第 70 页　插画 / 月本佳代美
第 71 页　插画 / 齐藤志乃
第 73 页　插画 / 埃林 · 贝奈
第 74 页　图片 /PPS
　　　　　图片 / 日本丰桥自然历史博物馆
　　　　　图片 /PPS
第 75 页　插画 / 真壁晓夫
　　　　　图片 /PPS
第 76 页　插画 / 木下真一郎
第 77 页　图片 /PPS
第 79 页　图片 /PPS
　　　　　图片 /PPS
第 80 页　图片 /PPS
　　　　　插画 / 真壁晓夫
第 81 页　图片 /PPS
　　　　　插画 /Jon Hughes ifhdigital.com
第 82 页　地图 / 科罗拉多高原地理系统公司
　　　　　图片 /PPS
　　　　　插画 / 飞田敏
第 83 页　图片 /PPS
　　　　　插画 / 三好南里
第 85 页　插画 / 月本佳代美
第 86 页　插画 / 真壁晓夫
第 87 页　图片 / 德雷塞尔大学自然科学院
　　　　　图片 / 尼尔 · 舒宾
　　　　　图片 / 阿拉米图库
　　　　　图片 /PPS
第 88 页　插画 /Jon Hughes ifhdigital.com
　　　　　图片 /PPS
　　　　　图片 /PPS
第 89 页　图片 / 阿玛纳图片社
　　　　　图片 / 科尔维特图片社
第 90 页　图片 / 阿玛纳图片社
　　　　　图片 /PPS
　　　　　图片 / 朝日新闻社
　　　　　图片 / 科尔维特图片社
第 91 页　图片 / 科尔维特图片社
　　　　　图片 /123RF
　　　　　图片 / 科尔维特图片社
　　　　　图片 / 阿玛纳图片社
　　　　　本页其他图片均由 PPS 提供
第 92 页　图片 /123RF
　　　　　图片 /Aflo
　　　　　图片 / 阿拉米图库
　　　　　图片 /PPS
第 93 页　图片 /PPS
第 94 页　本页图片均由卡西 · 金 · 费舍提供
第 95 页　图片 / 卡西 · 金 · 费舍
第 96 页　图片 / 科尔维特图片社
　　　　　图片 /Aflo
　　　　　图片 /PPS

—顾问寄语—

丰桥市自然历史博物馆馆长　松冈敬二

鱼类在湿润地带生活的过程中，
进化出了呼吸器官和能够承受重力的四肢骨骼。
当大地铺满"绿色地毯"时，
水生生物登陆的序幕或许已经拉开。
让我们看看四足动物最大变革的秘密吧。

海 洋 和 陆 地 的 桥 梁

约 4 亿 2000 万年前，劳伦古陆、波罗地古陆、阿
瓦隆尼亚古陆发生碰撞。在这次地壳变动中隆起的
巨大山脉阻挡了云层，带来充沛的雨量。不久，得
到滋润的大地上河流诞生了，海洋中的鱼类也在此
落户，登陆的生物也登场了。斯堪的纳维亚山脉和
阿巴拉契亚山脉作为远古时期留存下来的巨大山脉，
或许见证了生物登上陆地的第一步。

大烟山国家公园

阿巴拉契亚山脉纵贯加拿大和美国，大烟山国家公园位于山脉南部，海拔在 1800 米以上的山有 25 座之多。地形起伏，落差很大，植被复杂而繁茂，有 3500 多种植物生长，与欧洲大陆几乎一致。湿润的空气从大西洋流入，受其影响，绸带一般的浓雾频繁笼罩这里。该公园被列入《世界遗产名录》。

远古时期的大冒险家

欧美大陆在3亿7500万年前就存在了。广袤的大地上纵横交错的大河河畔出现了神秘生物——身体布满鳞片，乍看像鱼，鳍却犹如四肢一般发达，脸部看上去似鱼又似青蛙。这种叫作"提塔利克鱼"的生物，介于鱼类和最早的陆生动物之间。这个时期的一部分鱼类，离开了海洋这个它们习以为常的环境，开始向河流挺进，并且为了登上陆地，不断进化。提塔利克鱼滑稽的表情背后，可能蕴含着生命史上无与伦比的开拓者精神。

提塔利克鱼

肉鳍类的诞生

寻找新天地，鱼类开始登陆！

栖息在不稳定环境中的鱼类点燃了进化的导火线。

鱼类登陆成为四足动物，这件大事发生在泥盆纪。然而，从当时的生物来看，事件发生的舞台是十分不稳定的场所。

在"穷乡僻壤"上发生的划时代进化

从4亿4340万年前的志留纪到3亿5890万年前的泥盆纪，海洋中生物繁多。鱼类中，全长6～10米的邓氏鱼称霸食物链顶端，无颌类等也在扩展自己的生存空间。

后来，鱼类中发生了划时代的事件。从邓氏鱼等环游辽阔海洋的鱼类来看，这起事件发生于可谓是"穷乡僻壤"的内陆沿河湿地。那里水比较浅，水量不定，有时还会缺氧，环境恶劣而且不稳定。可是这里没有凶猛的海洋捕食者闯入，可谓安居之地。泥盆纪晚期，那里出现了鱼鳍发达的"肉鳍类"，以真掌鳍鱼为代表。

不久，鱼鳍进化为四肢，生物开始登陆，这关系到后来哺乳类、人类等陆地生物的出现。那么，鱼类为什么会在环境不佳的场所进化了呢？让我们来追溯它们的活动吧！

真掌鳍鱼

从拥有结实的叶状鱼鳍的骨鳞鱼属（生存于泥盆纪中期到二叠纪早期）进化而来，在泥盆纪中期（3 亿 8500 万年前）出现。让人联想到四肢的鱼鳍根部纤细而柔韧，能够上下活动并且旋转。

73

肉鳍类的诞生

现在
我们知道！

鱼类凭借自己的鱼鳍幸存下来

真掌鳍鱼等肉鳍类[注1]的特征是具有结实的鱼鳍。

占现在鱼类大部分的硬骨鱼类[注2]，分为辐鳍类和肉鳍类。想一想鲷鱼、鲈鱼等的鱼鳍就不难理解了，辐鳍类的鱼鳍是由肌肉组成的。而肉鳍类的鱼鳍内部有硬骨，硬骨周围有发达的肌肉，那些骨头的构造与后来进化成动物的四肢十分相似。四足动物[注3]无疑是从肉鳍类发展而来的。

话虽如此，真掌鳍鱼并不会频繁地爬上陆地寻找猎物，也不会使用鱼鳍麻利地在岸边活动。的确有这样的想象图。四肢被认为是真掌鳍鱼使用鱼鳍爬上陆地，在陆地上移动的过程中出现的。

狗鱼

生活在北美和欧亚大陆的淡水或半咸水域的肉食性淡水鱼，又名梭子鱼。体长几十厘米，大的接近2米，主要捕食鱼类、青蛙和虾等。真掌鳍鱼和狗鱼的生存状态非常相似。

进化为四肢与登陆无关

可是，近年来的研究成果否定了上述看法。研究四足动物的进化史的英国古生物学家詹妮弗·克拉克认为四肢是在水中进化而来的。

观察化石，可见真掌鳍鱼拥有适应水中生活的流线型体形，而且全身密密麻麻地覆盖着鳞片。为了在陆地上长时间生活，有必要采取措施应对干燥的环境，但是它的鱼鳞不适应干燥的环境，无法防止身体水分的蒸发。这证明了真掌鳍鱼是真正的水中生物，大概类似现存的狗鱼的状态。

此外，详细调查在真掌鳍鱼2000万年之后出现的早期四足动物——棘螈和鱼石螈的化石后发现，四肢的作用类似蹼，棘螈也会用鳃呼吸。换言之，它们几乎是在水中生活的水生动物。鱼鳍进化到四肢和鱼的登陆没有任何关系。

鱼鳍为何会进化到四肢呢？生活环境就成了关键提示。

拥有"四肢"的鱼——真掌鳍鱼
加拿大的魁北克省发现的化石。

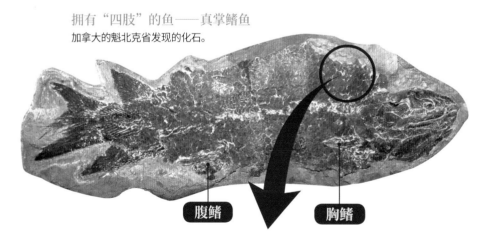

腹鳍　胸鳍

鱼鳍的进化和登陆没关系！

体表被鳞片覆盖，证明在水中生存过

观点碰撞

鱼鳍是为了交配而进化的？

一般认为，鱼鳍变为带有蹼的四肢，是为了在浅滩移动或者获得冲向猎物的推动力。但也有人认为四肢是交配的时候进化而来的。现在的两栖动物，交配时是雄性将四肢缠在雌性的身体上。这是鱼类和两栖类的产卵相比较而言最大的不同。也有看法认为，四肢是为了保证受精万无一失地进行才变得发达起来。

加州红腹蝾螈交配

○ 鱼类的进化之旅

肉鳍鱼类群主要分为腔棘鱼和肺鱼两种。经骨鳞鱼科，后来出现了进化成四足动物的类群。箭头所标示的是生存至今的群体。

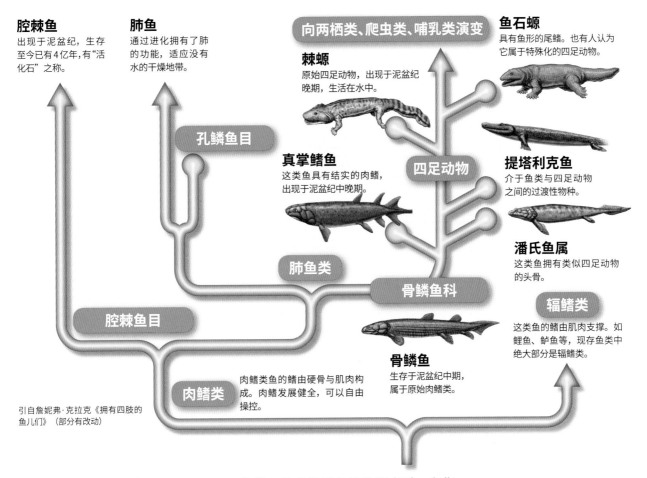

腔棘鱼
出现于泥盆纪，生存至今已有4亿年，有"活化石"之称。

肺鱼
通过进化拥有了肺的功能，适应没有水的干燥地带。

向两栖类、爬虫类、哺乳类演变

棘螈
原始四足动物，出现于泥盆纪晚期，生活在水中。

鱼石螈
具有鱼形的尾鳍。也有人认为它属于特殊化的四足动物。

孔鳞鱼目

真掌鳍鱼
这类鱼具有结实的肉鳍，出现于泥盆纪中晚期。

四足动物

提塔利克鱼
介于鱼类与四足动物之间的过渡性物种。

肺鱼类

骨鳞鱼科

潘氏鱼属
这类鱼拥有类似四足动物的头骨。

腔棘鱼目

辐鳍类
这类鱼的鳍由肌肉支撑。如鲤鱼、鲈鱼等，现存鱼类中绝大部分是辐鳍类。

肉鳍类
肉鳍类鱼的鳍由硬骨与肌肉构成。肉鳍发展健全，可以自由操控。

骨鳞鱼
生存于泥盆纪中期，属于原始肉鳍类。

引自詹妮弗·克拉克《拥有四肢的鱼儿们》（部分有改动）

为了适应浅水处的环境，鱼鳍得到进化

真掌鳍鱼化石的主要产地是加拿大米瓜莎地区。这一地区在泥盆纪时期位于赤道附近，是蜿蜒于大河沿岸的湿地。水深较浅，水中积满了枯叶，树木四处横倒，植物和藻类生长旺盛。要在这样的环境生存下去，鱼鳍是必不可少的。鱼鳍通常在水中起到舵的作用，还能划水、拨开枯枝，使它能在浅水处灵活地游动。

此外，从真掌鳍鱼的体形来看，它作为"伏击猎手"的形象更深入人心。设下埋伏时，它通常在水中静止不动，等待猎物靠近。想必是它那坚固又硕大的胸鳍在维持一动不动的姿势时起到了巨大的作用吧。

为了适应沼泽地以及淡水湖等浅水环境，鱼鳍得到了进化。只有在水中生活时，鱼鳍才是必需品，后来鱼类不断进化，生活范围逐渐扩大到陆地上时，慢慢演变为用以支撑身体、进行移动的器官。

科学笔记

【肉鳍类】 第74页 注1
意为"肉质的鱼鳍"，登上陆地的四足动物是由肉鳍类进化而来的。硬骨鱼类主要分为辐鳍类和肉鳍类，但两类的胸鳍有较大差异。现在生存着的肉鳍类（不包括四足动物），仅有腔棘鱼以及肺鱼类两种，至于哪一种更加接近四足动物，众说纷纭。

【硬骨鱼类】 第74页 注2
这一类鱼具有颚、齿、两对偶鳍（两组成对的鱼鳍）和鳔，骨骼为硬骨。此外，还存在诸如鲨鱼、鳐鱼之类的骨骼为软骨的软骨鱼类，还有没有颌部的七鳃鳗等无颌类。

【四足动物】 第74页 注3
即具有四肢的脊椎动物。蛇、鲸鱼等动物没有四肢，但具有肢体的祖先进化而来，也属于这一类。能够上下活动和转动的四肢是肉鳍类与四足动物的共同特征，也证明了四足动物是由肉鳍类进化而来的。

杰出人物

泥盆纪的命名者

亚当·塞奇威克出生于英国约克郡。近代地质学的创始人之一。1818年他成为地质学教授时，欧洲各国根据化石对地质进行了系统的区分，塞奇威克将含有化石的最古老的地质年代命名为"寒武纪"，在考察了分布于英国南部德文郡的地层之后，与地质学家默奇森一同提出了"泥盆纪"的概念。日后提出"进化论"的查尔斯·达尔文是他的学生之一。

地质学家
亚当·塞奇威克
(1785—1873)

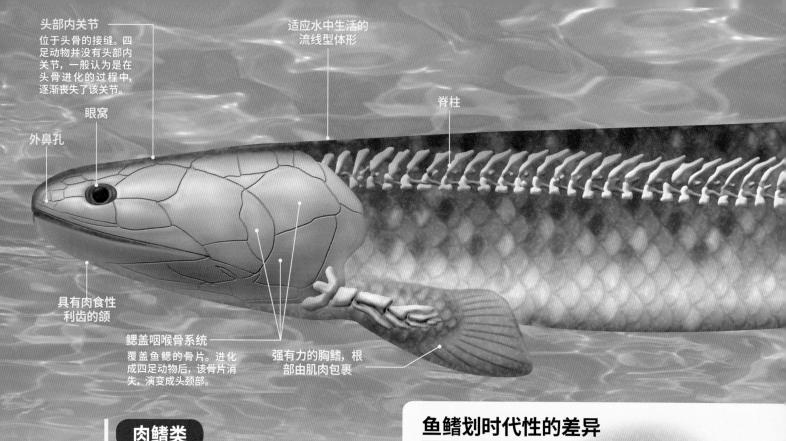

头部内关节
位于头骨的接缝。四足动物并没有头部内关节，一般认为是在头骨进化的过程中，逐渐丧失了该关节。

眼窝

外鼻孔

适应水中生活的流线型体形

脊柱

具有肉食性利齿的颌

鳃盖咽喉骨系统
覆盖鱼鳃的骨片。进化成四足动物后，该骨片消失，演变成头颈部。

强有力的胸鳍，根部由肌肉包裹

肉鳍类
真掌鳍鱼

全长60厘米～1.5米，一般认为其鱼鳍进化成包括人在内的四足动物的四肢。真掌鳍鱼的拉丁文学名有"强有力的尾巴"之意。在米瓜莎地区发现了3000多块该鱼类的化石，有"米瓜莎王子"的爱称。

鱼鳍划时代性的差异

肉鳍类的鱼鳍
仅有一根放射骨与肩带相连。其余的放射骨呈连锁状构成主轴，主轴的前端也有放射骨。肌肉由放射骨支撑，在骨骼内伸展开来，形成了自由活动的鱼鳍。

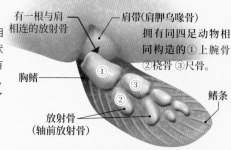

有一根与肩相连的放射骨

肩带(肩胛乌喙骨)
拥有同四足动物相同构造的①上腕骨②桡骨③尺骨

胸鳍

鳍条

放射骨(轴前放射骨)

随手词典

【游泳能力】
辐鳍类以其发达的背骨及背骨上肌肉造就了强有力的鱼鳍，游泳能力得到强化。现在的硬骨鱼类身上常有的上下对称的尾鳍，也被认为是在其游泳能力强化过程中获得的。

【已发现的鱼类化石】
米瓜莎的地层从泥盆纪晚期弗拉斯阶期(3亿8270万年前—3亿7220万年前)开始形成，当地发现了除软骨鱼类以外的当时脊椎动物主要类群(无颌类和盾皮类、辐鳍类、肉鳍类等)的化石。盾皮类的沟鳞鱼属与肉鳍类的真掌鳍鱼，两类化石的产出量较高。

辐鳍类
鳍鳞鱼

全长约50厘米。在硬骨鱼类中属于较原始的辐鳍类。拥有肉质的胸鳍与上下不对称的尾鳍。为了提高游泳能力，这类鱼的尾鳍不断向大马哈鱼、鲤鱼那样的上下对称型尾鳍进化。

长有利齿的巨颌

胸鳍

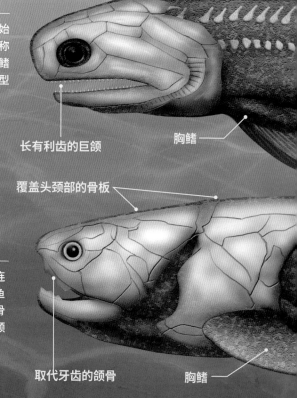

覆盖头颈部的骨板

盾皮类
普尔多鱼类

全长约1米。其特征是头、胸部被关节相连而成的厚重如甲胄般的骨片覆盖。盾皮鱼类是最早具有颌的脊椎动物，但不像硬骨鱼类那样拥有牙齿，而是依靠柴刀状的颌骨进行捕食。

取代牙齿的颌骨

胸鳍

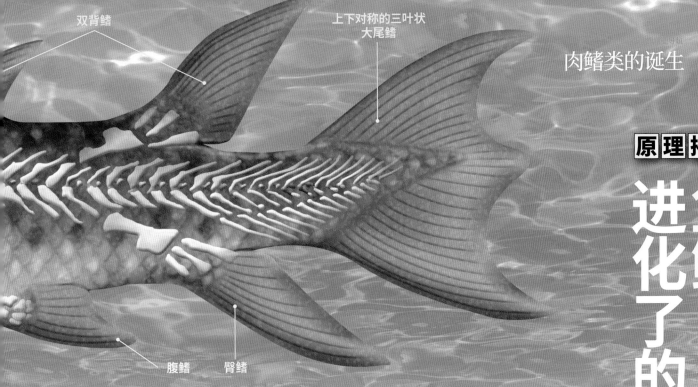

双背鳍

上下对称的三叶状
大尾鳍

腹鳍　臀鳍

原理揭秘

鱼鳍进化了的鱼类

在位于加拿大魁北克省的米瓜莎地区，发现了大量泥盆纪晚期的鱼化石。其中属于肉鳍类的真掌鳍鱼，其"偶鳍"（四足动物四肢的起源）十分有特点。让我们将它与同样发掘于米瓜莎地区的同时代其他鱼类进行比较，来看看其"偶鳍"的特征吧。

辐鳍类的鱼鳍

包括数条筋（鳍条），呈薄膜状。鳍条由放射骨支撑，多根放射骨与肩带相互连接，确保了在水中游动时的稳定性，在调整方向与后退时发挥作用。

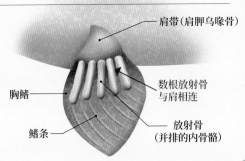

肩带（肩胛乌喙骨）

数根放射骨与肩相连

放射骨（并排的内骨骼）

胸鳍

鳍条

单背鳍

上下不对称的尾鳍之后，硬骨鱼类进化出了上下对称的尾鳍。

腹鳍　臀鳍

背鳍

前端细长的尾鳍

米瓜莎

泥盆纪时期，米瓜莎曾是大河沿岸的湖泊、沼泽或湿地，同时也是富含海水盐分的半减水域。从已发现的鱼类化石可以看出，同时期有多种鱼类生存。现在，米瓜莎是国家公园，被列入《世界遗产名录》。

最早的森林

地球上首次出现『森林』，引导生物向陆地迁移

在此之前，大地上只有几厘米高的小型植物。泥盆纪时期，大型植物层出不穷，地球环境开始发生变化，大地孕育新生。

地球上最早的森林
被一片寂静笼罩着

4亿3000万年前的志留纪，在布满了岩石沙尘的荒凉土地上，出现了处于苔类与羊齿蕨类的中间性植物——库克逊蕨。这种植物具有不生长叶的枝与茎，高度约10厘米，在浅水湿地处茂盛生长。

到了泥盆纪，这派光景开始发生变化。这一时期，拥有复杂枝条的蕨类植物开始大量生长，同时出现了石松科以及木贼类植物。这些植物的体形不断变大且变得复杂，逐渐地具备接近现生树木的特质。这时，前裸子植物[注1]登上历史舞台。古羊齿属有高大挺拔的树干和数层广阔伸展的树枝，其高度约为20米，树干直径约为1米。

泥盆纪晚期，这类高大的树木越来越多，形成了世界性规模的"森林"。这也就意味着地球上最古老的森林出现了。

我们如果可以穿越时空，来到这样的森林之中，放眼望去，也许会感到吃惊——这里听不见鸟鸣声，只有树叶相互摩擦的细微声响，笼罩在一片寂静之中。森林的色彩也极为单调，那些树木既不开花，又不结果，只是郁郁葱葱地生长着。空中看不见蝴蝶与蜻蜓的身影，也看不见一只苍蝇或蚊子。

在那个时代，植物还不能开花，陆地上的生物也只是没有翅膀的小型多足类及蜘蛛类等爬虫。当然，鸟类也没有出现。现在看来，当时的风景实在是没什么可看的。但在动物从水中登上陆地的过程中，这片森林起到了极其重要的作用。

泥盆纪森林的想象图
这张泥盆纪森林的想象图中,沼泽地的蕨类植物很茂盛,古羊齿属枝叶繁茂。当初的森林出现在洪积平原以及河流所经之处,因为植物生长繁茂,河流逐渐平稳,洪水也不断减少,越来越多的动物向陆地迁移。

森林中还没
出现鸟类以
及长有翅膀
的昆虫。

🔍 **近距直击** • • •

生活在这一时期的生物

科学家认为志留纪末,蜘蛛目的远亲蜱虫类、千足虫(倍足纲动物,又称马陆)已经适应陆地环境,生活在有植物的地方。不久,蜈蚣、蜘蛛及无翅昆虫相继出现。节肢动物的身体外侧包裹着一层坚硬的外骨骼,因此它们很快适应了陆地上的干燥与重力。

这是以发现于莱尼燧石层的化石为原型制成的想象图。蜱虫类(左上)以及弹尾目(通称跳虫)在此处生存

现在我们知道！

森林给予地表湿气与营养，为动物登陆做好准备

奥陶纪（4亿8540万年前—4亿4340万年前）的孢子化石，清晰地证明了植物登陆的过程。拥有耐干燥组织的植物，或许是在水量不稳定、时而干涸的浅水区域生存的绿藻类之中出现的。

此后的植物通过在整个表层覆盖一层不透水不通气的角质层来抵御干燥，同时利用可以开合的气孔[注2]，使得其在不损失水分的同时，还能吸收光合作用所需的二氧化碳并释放氧气。

这类拥有耐干燥性的植物分布范围越来越大。到了志留纪早期，库克逊蕨属及莱尼蕨属出现了。

随着植物生长，地表也出现变化。在枯萎植物所形成的有机物堆积起来的地方，蜈蚣类、蜱螨类、跳虫类等无脊椎动物不断登上陆地，将这里作为新的栖息地。

古羊齿属

泥盆纪晚期最早形成"森林"的植物。以其叶片的形状，将之命名为"Archaeopteris"，意为"古代之翼"。这片叶子看起来似乎与初期的莱尼蕨之类大不相同，实际上，是由莱尼蕨分成两股的轴经过聚集、扁平化以后形成的物种，所以也被认为是大叶类（现在的阔叶树等的树叶）的原始种类。

动植物促进了生态系统的形成

发现于英国苏格兰地区的"莱尼燧石层"，是泥盆纪早期的泥潭堆积而成的化石化地层，其中保存了大量菌类、藻类的遗骸以及蜱螨类等节肢动物的化石。从中可以推断，当时的植物已经出现了多样化的趋势，与此同时，

以陆地植物和菌类为食的跳虫类和蜱螨类等动物也开始登上陆地。

在陆地上，多样化的植物与动物相互关联，逐渐形成了生态系统。

在莱尼燧石层中发现的莱尼蕨拥有维管束。维管束是指植物内部传输水分和养分的通道，利用名为木质素的高分子化合物强化植物

本体，起到支撑植株的作用。通过发达的维管束，植物渐渐进化出巨大的体形。

前端有孢子囊的植物，体形越高，孢子飞得越远，叶子也会更繁盛，有利于进行光合作用，如此一来，植物长得愈发直挺，郁郁葱葱的森林首次出现在地球上。

◯ 如此一来，植物演变为"树木"

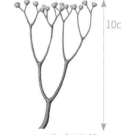 10cm

 20cm

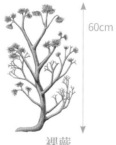 60cm

 20m

库克逊蕨
出现于志留纪的最古老的陆生植物。无根叶，如铁丝般的体形反复分叉，前端长有孢子囊，结构单一。

莱尼蕨
出现于泥盆纪早期。进化出特化的假导管，用来输送水分和溶于水中的营养成分，是最古老的维管束植物之一。同时具有抗干燥的气孔。

裸蕨
假导管得到强化，逐渐承担起支撑植株的作用。裸蕨（泥盆纪）这类真正具有维管束的植物开始出现，是今天的植物的原型。

古羊齿属
泥盆纪晚期，植物的假导管不断成长，出现了茎粗壮的植物。其中就出现了拥有树干的古羊齿属等，由它们逐渐形成了森林。

滋润干燥的大地，不断向内陆扩张的森林

森林出现以后，陆地环境发生了巨大的变化。在森林的地面，堆积着掉落的枯叶与枝条，产生了大量的有机物，生物残骸在分解时所产生的酸加快了岩石的风化进程，其中所含矿物营养素溶出，由此便形成了营养丰富的土地。

森林不仅可以改善大片的土地，还可以通过其树荫来防止地表水分的流失。再经植物从气孔排出水蒸气的"蒸腾"作用，向大气放出水分，增加了降雨量。这样一来，湿润的土地环境不断朝内陆地区扩张。

到了泥盆纪晚期，紧随着登陆的节肢动物，鱼类也开始尝试着向两栖类进化并登上陆地。森林的存在，保障了许许多多的生物成功登陆，首先是菌类、蜱螨类、蜘蛛类和昆虫等，接着鱼类、两栖类等脊椎动物也登上了陆地。

莱尼燧石层的植物化石

出土于苏格兰地区的莱尼村的燧石（硅质堆积岩）。泥盆纪早期的泥煤沉积后变成化石，除了植物以外，还发现了菌类、跳虫类、蛛形节肢动物蜱虫类等的化石，可以窥见当时的生态系统。

科学笔记

【前裸子植物】 第78页 注1
通过孢子进行繁殖的维管束植物，被认为是种子植物的祖先。大约出现在4亿年前，是最早的木质植物。后来发展成"树木"，形成了遍及地球的森林。古羊齿类是其代表，经考察后发现部分前裸子植物有年轮，大约灭绝于3亿5000万年前的石炭纪。

【气孔】 第80页 注2
位于陆生植物表皮的通气孔。水生植物在登上陆地之际，为适应干燥环境而形成气孔。通过调节气孔的大小或闭合气孔，来进行水分的蒸腾以及二氧化碳或氧气的交换。不同的植物，气孔数量也不同。主要集中在叶的背面，1平方毫米左右有几十到几百的气孔。

森林为许多生物的登陆提供了保护。

 **近距直击**

地球上体形最大的谜一般的生物其实是？

19世纪中叶，发现了巨大的朽木化石，推测为志留纪晚期到泥盆纪时期出现。这种"菌形巨木"，最高达8米，是古羊齿类出现之前地球上最大的生物。不过，因其体形比同时期的植物大上几倍，也有人认为它是体形巨大的昆布类。到了21世纪，美国自然历史博物馆公布了分析结果——它是菌类的子实体。也就是说，"菌形巨木"是地球上最大的一类蘑菇，是谜一般的生物。

这是描绘菌形巨木林立的风景想象图。也许在泥盆纪的大地上，此类情形随处可见。关于这类巨型化石的真面目，有树木说、巨大昆布说、地衣类说等，不一而足

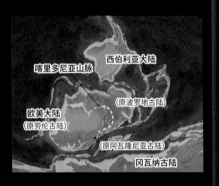
地球进行时！

哺育了亚马孙河的安第斯山脉

　　因地壳变动产生的山脉招致大量降雨，使得河流开始形成。与喀里多尼亚山脉情况相似，在距今 1000 万年前，海洋板块碰撞南美大陆进而隆起，形成安第斯山脉。海拔高达 6000 米、连绵起伏的山脉遮挡从大西洋吹来的湿润空气，引发大量强降雨，在东边山麓，形成了流域面积有 700 万平方千米的亚马孙河。世界最大的热带雨林因地壳变动而生。

同样也是亚马孙河水源的安第斯山脉

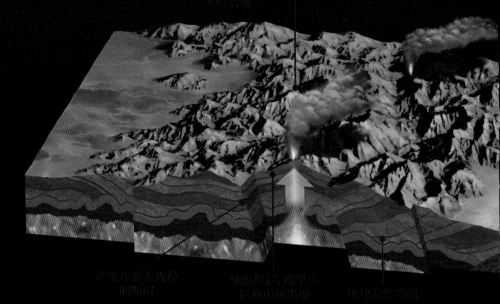

产生许多大规模的断层　　地形隆起，喀里多尼亚山脉出现　　地块发生弯曲

2. 大河形成

海面上潮湿的空气接触山脉后形成大量降雨。在植物登陆以前，陆地没有保水力，洪水时有发生。山脉被洪水侵蚀，大量的砂土流入海中，形成了泛滥平原这样广阔的半咸水域。

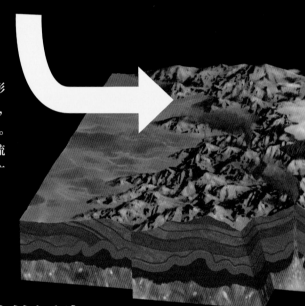

3. 湿地与森林的诞生

在淡水区域登陆的植物非常繁盛，湿地出现了森林。森林使得河流变得稳定，洪水不断减少，营造了一个适合生物生息的环境。森林中开始出现蛛类、各种昆虫等，鱼类不断往淡水区域拓宽生存范围，最终四足动物开始登陆。

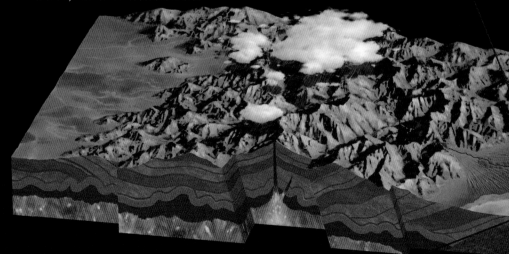

1. 喀里多尼亚山脉的诞生

大陆板块碰撞并非是单纯的正面碰撞，而是涉及多个地块，格局复杂。夹在板块之间的地块会产生剧烈的变形，形成大规模的断层。岩浆的上升导致火山开始活动，海拔达8000米的山脉也相继出现。

地球史导航

最初的森林

喀里多尼亚山脉的痕迹可以在北美的阿巴拉契亚山脉、北欧的斯堪的纳维亚山脉（左图）窥见一斑

原理揭秘

大陆碰撞创造了森林

志留纪末，劳伦古陆、波罗地古陆、阿瓦隆尼亚古陆三大板块互相碰撞，形成了欧美大陆。

在那之后，发生了剧烈的地壳运动，史称"喀里多尼亚造山运动"。最终，海拔达8000米的群山绵延7500千米。该山脉给大陆环境带来了改变，为褐色的大地增添了森林之绿。

海面上潮湿的空气碰上连绵不断的山脉，引发降雨

由于洪水侵蚀，大量泥土和沙石流入海中

泥沙流积，形成泛滥平原

植物不断朝半咸水域扩张、繁生水

森林的出现使得河流逐渐稳定

泛滥平原被袭变为广阔的半咸水域

鱼类的生态范围扩张至半咸水域，最终四足动物登陆

新的学说 氧气浓度的上升，是生物登陆的关键

美国古生物学家皮特·沃德认为高氧期动物的陆地扩张分为两个阶段。在泥盆纪早期的高氧期，脊椎动物开始登上陆地。然而，氧气锐减导致陆地上的动物一时几乎绝迹（泥盆纪大灭绝）。到了石炭纪，动物才开始第二波登陆。一般认为，这一观点可以解释为什么几乎没发现过石炭纪初期的四足动物化石。

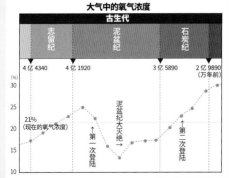

大气中的氧气浓度

古生代

志留纪 泥盆纪 石炭纪

4亿4340　4亿1920　3亿5890　2亿9890（万年前）

21%（现在的氧气浓度）

泥盆纪大灭绝

第一次登陆 第二次登陆

鱼类迁入淡水区域

鱼类进化成四足动物的关键在于『淡水』！

泥盆纪晚期，以蜘蛛目与昆虫等森林的生态系统为目标，鱼类开始尝试登上陆地。但是要实现这一目标，还需渡过一个又一个难关。

究竟是像鱼的两栖类呢，还是像两栖类的鱼呢？简直是个谜。

历时 2000 万年进化成四足动物

对于用鳃来呼吸的鱼类来说，就算眼前的森林再怎么适合繁衍生息，也没办法生活。鱼类究竟经历了什么，才完成登陆这一划时代的活动呢？

现在，就让我们来看一看鱼类登陆以及此后发生的事吧。在 3 亿 8500 万年前，真掌鳍鱼出现，这种鱼具有灵活的鱼鳍。大约在 3 亿 6500 万年前，明显出现了四足动物活动的迹象。原始两栖类动物棘螈、鱼石螈登上历史舞台。在它们之间，发现了过渡性动物潘氏鱼、提塔利克鱼的化石。

已知的棘螈和鱼一样拥有很大的鳃，似乎可以同时用肺和鳃进行呼吸。3 亿 4000 万年前，出现了只用肺呼吸的爬虫类，它们完全适应了陆地上的生活。

鱼类要从水中登上陆地，首先要解决呼吸问题。那么鱼类是如何克服这个难题，进化成两栖类的呢？实际上，这一过程与"淡水"密切相关。

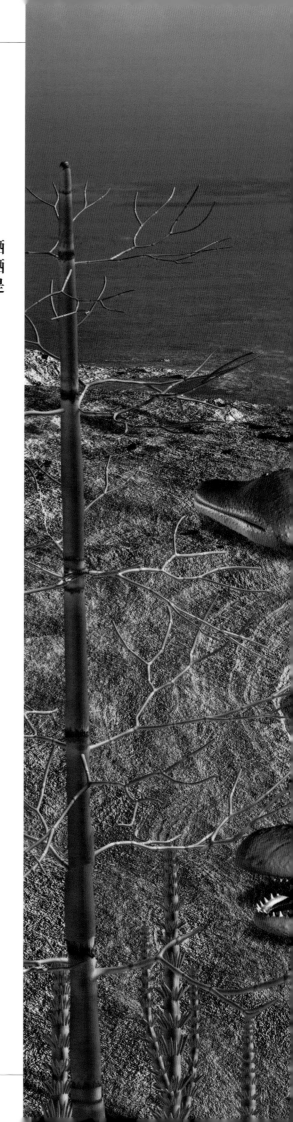

提塔利克鱼

生存于 3 亿 7500 万年前的肉鳍类，现已灭绝。2004 年，加拿大发现了 3 块化石。最大的全长有 2.7 米，被认为是鱼类向四足动物进化过程中所缺失的中间过渡型。虽然无法在陆地上活动自如，但似乎可以将鳍当作桨在浅滩中游动，还能用鳍支撑身体。

鱼类在严峻的淡水环境中，身体机能增强，最终登上陆地

真掌鳍鱼出现以后，过了1000万年，生存于泥盆纪晚期的提塔利克鱼，能够以"俯卧撑"的姿势支撑身体，在浅滩游泳。根据其关节处的可活动区域来推测，提塔利克鱼虽然还不能像两栖类那样向前踏出足（鳍），但可以明确一点：与真掌鳍鱼相比，提塔利克鱼的鳍进一步进化，以适应沼泽地、淡水湖之类的生存环境。

不过，进化至此的鱼类，其变化不仅体现在鱼鳍，身体内部也发生了巨大的变化。

身体渐渐适应淡水环境

鱼类进入淡水或半咸水域，首先面临的问题是盐分浓度的差异。海水中，盐分的浓度约为3.5%，而淡水中的盐分浓度几乎是0。体液浓度与体外的盐分浓度若存在差异，会因为渗透压的作用，水分不断地流向盐分浓度较高的一方。因此，若海水鱼直接进入淡水区域内，水分将大量渗透进体内，细胞像气球一样膨胀起来，最终导致死亡。为了避免发生此类问题，海水鱼内部构造发生变化，利用肾脏将多余的水分排出体外。

而且在钙、磷等矿物质[注1]严重缺乏的淡水中，鱼类将骨骼作为矿物质的储藏室。这和我们人类在缺钙的时候，骨骼会变得脆弱是一个原理。鱼类将骨骼中的钙溶解，供身体使用。这样一来，在不安定的淡水环境中，也能够很好地适应下来，鱼类的身体就在从志留纪到泥盆纪这一段漫长的时间中不断得到进化。

此外，鱼类的肺部也发达起来。在浅水处，即便可以通过鱼鳃吸取溶解于水中的氧气，但偶尔会存在水中氧气不足的情况。如果再遇上水流较缓的地方，分解植物的细菌消耗大量氧气，水中严重缺氧的情况也很多见，为了应对这种情况，鱼的肺部机能发达起来，可以直接从口摄入空气。

● 淡水与鱼的进化

从志留纪到泥盆纪，鱼类从半咸水域进入淡水区域，最终登陆。一般认为，其原因是为了逃脱捕食者或者寻找丰富的食物资源。淡水区域为后来包含鱼类在内的动物提供了生存场所。

鱼鳍的进化
进化出便于在浅滩处爬行的鳍。开始出现鱼鳍可以自如地活动且非常结实的鱼。

淡水环境

向竞争较少的半咸水域、淡水区域迁徙
水量本身不稳定，加上植物腐败导致的缺氧环境，使得鱼类的肺机能得到强化。

半咸水域

水陆两栖
为了寻找食物以及新的水域，出现了可以同时在水陆两地生活的物种。拥有可以支撑身体的骨骼，发达的"脖颈"可以自由活动头部。

完全适应陆地生活
原本同时使用肺部和鳃部呼吸，后来逐渐出现了仅用肺部呼吸的爬行类，完全适应了陆地生活。

生存竞争激化
在竞争的过程中，鱼类获得了肺与肾脏，将背骨作为矿物质储藏室。这些身体的变化，使得鱼类进入淡水区域变为可能。

海洋

再次进入大海
一部分鱼类回到大海。将肺部改造回鱼鳔，使其可以适应海中生活。到了现在，海洋中的鱼类以辐鳍类为主，极其繁盛。

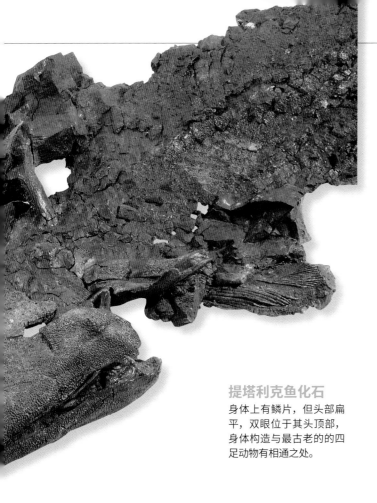

近距直击

科学家一边提防北极熊,一边挖掘到"提塔利克鱼"

　　2004 年 7 月,芝加哥大学的尼尔·苏宾率领的科考队在北冰洋埃尔斯米尔岛上进行科学考察。他们发现了 3 亿 7500 万年前鱼类与陆生动物之间的过渡型物种[注3]的化石。经过小心谨慎的清理,科学家发现该物种虽然身体上覆盖了鳞片,但鳍的骨骼形似手指,而且有着明显的脖颈,这是鱼类所不具有的特征。该物种的学名"提塔利克"来自爱斯基摩语,意思是"巨大的淡水鱼"。苏宾团队聚焦于泥盆纪时期淡水河流地层,调查历时 5 年。科考现场是在夏季处于极昼的北极圈,科学家们为了躲避北极熊的袭击,随身携带猎枪,一边戒备,一边开展发掘。

提塔利克鱼化石
身体上有鳞片,但头部扁平,双眼位于其头顶部,身体构造与最古老的的四足动物有相通之处。

科考现场位于北极圈。但在泥盆纪时期,这里是热带的淡水域

埃尔斯米尔岛
加拿大 努纳武特 格陵兰岛
地区
加拿大　　　　　　北冰洋

摆在鱼类面前的两条大道

　　通过这种方式进入淡水的鱼类,面临着两种完全不同的选择。

　　一种选择是以获取食物或者摆脱捕食者为目的,在陆地上生存。另一种选择是重返大海。过去,海洋中畅行无阻的霸主——邓氏鱼之类的盾皮鱼类在泥盆纪晚期大灭绝[注2]中销声匿迹于汪洋大海之中,生物层级的变化悄然到来。

　　选择回归大海的鱼类,将肺部转变为鱼鳔调整浮力,还能自如地控制身体。这也成为鱼类在海洋的生存竞争中胜出的强有力的武器。它们的子孙就是占据现生鱼类绝大部分的硬骨鱼类。

鳍鳞鱼
| *Cheirolepis* |

泥盆纪生活在浅水湖等淡水域的原始辐鳍类,长度可达 50 厘米。一般认为其游泳速度很快。与肉鳍类中出现的将陆地作为生存场所的鱼类不同,辐鳍类以其优越的游泳能力再次进入大海。

"肺"究竟是何时获得的呢?

　　19 世纪英国的生物学家查尔斯·达尔文认为鱼类的鳔进化成了肺。

　　但是后来,曾被认为是在淡水中得到进化的鱼类其实原生于海洋,这个事实被证明之后,现在学术界认为肺是鱼类在海洋中生活时出现的器官。科学家认为肺是鱼类为了提高运动能力,高效地将氧气传输至肌肉和心脏,辅助鱼鳃进行呼吸的空气囊。这样,鱼在进入淡水等缺氧环境时,肺就成了强有力的武器。

现在仍有在热带的淡水域中用肺进行呼吸的鱼类。南美亚马孙河中的巨骨舌鱼同样用肺呼吸

观点 碰撞

从淡水域逃亡的"输家",最终成为陆地上的霸主。

脖颈与骨骼进化，
陆生生物的基础构造完成

一方面，选择了将陆地作为生活场所的类群，有着发达的鳍（足）以及脖颈。无论是将头探出水面呼吸空气，还是瞄准猎物伺机行动，活动脖子再方便不过了。

再者，与水中不同，陆地上没有浮力，动物需要通过支撑自己的身体来保护内脏。所以，背骨用来支撑身体，而保护内脏的肋骨等骨骼则更加发达。3 亿 8000 万年前左右，潘氏鱼的肩带与头骨对应人类的肩胛骨和锁骨。这部分由骨头固定，没有脖颈。古生物学家詹妮弗·克拉克认为，潘氏鱼不依靠鳃也能够进行呼吸，但要是探出水面用肺进行呼吸的话，就必须将全身倾斜。

不过，3 亿 7500 万年前，到了提

潘氏鱼
| *Panderichthys* |

泥盆纪晚期，全长超过 1 米的大型鱼类的复原图。从全身由鳞片覆盖这一点来看，它属于典型的鱼类，但是背部没有鱼鳍，有过渡期四足动物的特征。

骨鳞鱼科的化石
| *Osteolepis* |

生存于泥盆纪中期，全长 50 厘米左右的肉鳍类。区别于腔棘鱼类和肺鱼类，属于后来进化成四足动物的分支。

塔利克鱼登场的时候，头颈从躯体独立出来，能够自由活动了。这样一来，将头探出水面就变得相当轻松了。而且，提塔利克鱼拥有比其他鱼类更加发达的肋骨，造就了其结实的躯体，在浅滩处行动时起到很大作用。头颈、背骨、肋骨，这些后来的陆生生物都具备的基本骨架定型于这个时代。

如今我们习以为常的淡水，对当时的生物来说，是非常严酷的生存环境。不过，肺与肾脏等机能得到强化的一部分鱼类在陆地上开拓了新天地。我们现在的手和脚就不用说了，肺、肾脏、骨骼等都是在泥盆纪时期进入淡水区的鱼类身上得到强化的。鱼类迁入淡水，为后续的进化带来了重大转机。

假如 **如果鱼类没有迁入淡水，又会是怎样的呢？**

有一部名为《黑湖妖谭》的电影，讲述了考察泥盆纪地层的探险队遭遇怪物袭击的故事。如果鱼类一直生活在海里，会进化成这样的高级生物吗？答案恐怕是不会。对于最早期的鱼类来说，淡水或许是十分严苛的环境，同时也培养出许多具备更强适应能力和更加多样化的动物。鱼类若是一直生活在海中，或许就无法挺过导致大量生物灭绝、环境巨变的泥盆纪晚期，就这样灭绝了吧。

《黑湖妖谭》（1954 年，美国）

淡水赋予生命进化以崭新的方向

因大陆板块移动而扩大的浅海

距今5亿4100万年前，在寒武纪时期的大海中，现代型的生物祖先出现。这一次海洋生物的辐射演化，被称为"寒武纪大爆发"，可谓是生物进化史上的重大事件。

到了志留纪，劳伦古陆、波罗地古陆、阿瓦隆尼亚古陆之间的巨神海不断缩小，而浅海范围不断扩大，逐渐成为生物主要的栖息场所。在那个时代，陆地的水边，石松类植物已经先动物一步完成了登陆。

当海洋生物向河川、沼泽、湖泊等淡水区域开拓新的生活空间时，存在一个必须解决的问题：获得渗透压的调节功能。比如，能够保持水域含盐浓度与体内盐分浓度平衡的体表黏膜、可以排除体液水分的器官——肾脏、具有不可穿透性的角质层等外骨骼。其次淡水浮力较小，所以必须改变繁殖方式，略去幼鱼期的浮游时间，使幼鱼在孵化出来后即可与成鱼进行同样的生活。

志留纪晚期的劳伦古陆、波罗地古陆、阿瓦隆尼亚古陆发生碰撞，结果导致巨神

■ 获得角质层

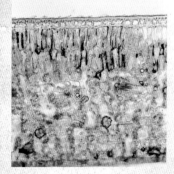

角质层又称作角皮、毛皮质。这种组织可以防止水分发散。动物在陆地上生活时，用它来抵抗干燥。图为椿树树叶的截断面，上端的薄层就是角质层。

■ 获得渗透压调节功能，给鱼类带来了多种多样的生存策略

根据环境变化灵活调节渗透压，为生物带来多样化的生存策略。出现了像鲑鱼、鳗鱼等可以自由地穿梭于海水与淡水之间、将生存区域与产卵场所区别开来的物种。

海消失。三个大陆板块合为一体，出现了欧美大陆，这片大陆上有海拔达8000米的高大山脉，有逢山化雨而成的河流。平原的下游，有海水与淡水混合而成的大范围的淡水——半咸水域。欧美大陆有赤道贯穿，气候温暖多雨，获得渗透压调节中枢、适应盐分变化的海洋生物，最终成功迁入淡水。

淡水域多样化带来的新发展

作为脊椎动物中最早的登陆者，鱼类在淡水环境中生生不息。初到淡水区域，外敌的确少了，但食物也相对匮乏。由山地流出的河水富含矿物质，鱼类慢慢开始适应淡水生活，鱼鳍长出了内骨骼，运

动能力也大幅提高。

泥盆纪时期，盾皮类、无颌类、棘鱼类、鲨鱼等软骨鱼类，辐鳍类和肉鳍类等硬骨鱼类同时出现，共同构建了鱼类的黄金时代。在这一过程中，淡水区域生活的鱼类呈现多样化趋势。研究表明，泥盆纪晚期出现的提塔利克鱼的腹鳍根部长有用以支撑四肢的骨骼，即腰部的原型。在陆地上生活的四足动物，诞生于类似于提塔利克鱼的肉鳍类。

另外，辐鳍类则回归大海生活。

大陆板块的移动，使半咸水域和淡水域范围扩大，并促使鱼类多样化，这些又与气候变化以及适应陆地生活的生物登场密切相关。

松冈敬二，1954年生。曾就读于名古屋大学理学部，后任职于丰桥市自然史博物馆。理学博士。研究包括日本在内的东亚非海生动物化石、淡水生物等。著有《琵琶湖的自然史》等多部合著作品。

地球博物志

活化石
| Living Fossil |

讲述泥盆纪世界，无比珍贵的活证人

在泥盆纪时期，鸟类和爬虫类还没有出现。不过，也有一些物种在这个时代登场，并且生存至今。这些物种向我们提供了光凭化石是绝对无法知晓的古生代时期生物的具体生态信息，是存活至今的历史证人。

活化石

"活化石"究竟是指什么？

翁戎螺科分布于温带与热带的大海中，石松科分布于北半球。

● 肺鱼　● 腔棘鱼　● 鲎　● 舌形贝

保持着与化石相同的模样生存至今的生物，"活化石"是达尔文在其作品《物种起源》（1859年）中首次提出的说法。也称为残遗体。指的是曾经分布很广，但如今仅在有限的地域生存，且经过了很长一段时间其形态都没有发生变化的物种。大象与犀牛、蟑螂、银杏等也属于"活化石"，但在这里我们主要讨论的是在泥盆纪时期就已经出现的动植物。

【腔棘鱼】
| Latimeria chalumnae |

在古生代泥盆纪时期出现的腔棘鱼，同时可以生存在淡水域与浅海之中，到了中生代时期其种类也很丰富。因未能发现中生代白垩纪末期（大约6600万年前）以后的相关化石，由此推定腔棘鱼类可能灭绝于这一时期。但在1938年，又发现了存活的现生物种。之后研究表明腔棘鱼属于卵生动物，并弄清了其游泳时运用鱼鳍的方法，这为理解鱼类进化为四足动物提供了许多真实信息。现在已确认的有非洲东南部科摩罗群岛以及印度洋海域的2种。

数据

分类	腔棘鱼目矛尾鱼科 矛尾鱼属（共2种）
全长	1~2米
栖息地	科摩罗群岛以及印度洋海域
生活区域	水深200米以下的深海区域

Photo/amanaimages

特征是拥有较发达的与胸鳍、腹鳍相同构造的第二背鳍和臀鳍。化石属于泥盆纪末

杰出人物

将日本的生物介绍给了全世界

动物学家
弗兰兹·希尔根道夫
（1839—1904）

　　日本明治初期，作为"外国人才"来日的德国动物学家希尔根道夫为了采集标本去了神奈川县的江之岛，他发现翁戎螺贝壳作为土特产在当地贩卖。回德国后，他于1877年指出翁戎螺科为新物种。将达尔文的进化论引入古生物学，掀起了很大的波澜。当时，为了检验1859年达尔文所发表的"进化论"的合理性，生物学界大兴调查。在此背景下，日本的生物也给世界带来了不小的冲击。

【翁戎螺科】
| Mikadotrochus beyrichii |

栖息于深海之中的原始螺，包括翁戎螺属、龙宫翁戎螺属等4类现生种，化石出现于寒武纪晚期，贝壳开口处的刻纹与内部构造都保留了原始形态。

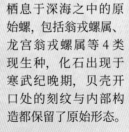

数据

分类	原始腹足目翁戎螺科 翁戎螺属（还有其他3个属）
全长	壳高、直径皆为10厘米左右
栖息地	温带以及热带海洋
生活区域	水深50至3000米处的海底

过去曾分布于□海区域，一般认为其因受到白□纪末大灭绝的影响，现在仅栖于深海

【舌形贝】

| Lingula anatina |

外形与双壳贝类相似，但完全是另一种生物，属于腕足动物门。会在泥沙质的海底垂直挖洞，让其肉茎下端附着于小石块。因海岸开发以及水质污染，导致其生存空间减少。舌形贝出现于寒武纪，在整个古生代都较为繁荣。现存的除鸭嘴海豆芽舌形贝以外，其余还有10种，自舌形贝出现以来，它们的形态几乎没有发生过变化，也有说法认为现生种为新生代以后出现的物种。

数据	
分类	舌形贝科 舌形贝属（其他10种）
全长	10厘米左右
栖息地	日本（青森县以南）中国南部海域
生活区域	海涂等泥沙质浅海底

起源于寒武纪，有5亿年以上的历史

【鲎】

| Tachypleus tridentatus |

鲎的祖先出现于志留纪。到了泥盆纪，鲎体形极具特征性，犹如铁碗的甲壳上增加了一对复眼，并且具备剑尾。在侏罗纪地层出土了与现生种形态类似的中华鲎的化石。

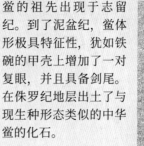

数据	
分类	鲎目鲎科鲎属
全长	50～80厘米
栖息地	主要在日本以及东南亚的沿海地带
生活区域	海涂等泥沙质浅海底

在日本，由于海涂区域的减少，鲎的数量也锐减了。其近源物种分布于东南亚，其他属别分布于北美

【澳洲肺鱼】

| Neoceratodus forsteri |

出现于泥盆纪，分布于淡水以及海水区域。肺鱼同时拥有鱼鳃（内鳃）和肺两个器官，幼体拥有类似两栖类的外鳃。干燥时期会利用自身的黏液与泥土制造出茧状保护壳进行夏眠。目前已经发现二叠纪时期的地层中肺鱼夏眠时的巢穴化石，现生种也成为推测当时肺鱼生态的重要线索。现生种除了澳洲肺鱼以外，还有1种南美肺鱼和4种非洲肺鱼。

数据	
分类	肺鱼目 肺鱼科 澳洲肺鱼属
全长	约1.5米
栖息地	澳大利亚东部
生活区域	淡水河流与湖泊

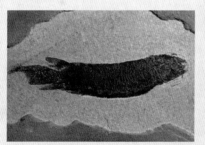

现生种全部栖息于淡水之中

近距直击

• • •

"活化石"意外地很美味？

不同于难以捕获的深海生物，有很多地方将"活化石"当作食材。在非洲，熏制肺鱼在市场上有售，中国与东南亚沿海地带会食用鲎的卵。另一方面，在日本九州的有明海岸地带，将舌形贝用作炖汤或大酱汤的食材。甲壳类的独特风味成为广受欢迎的乡土料理。科学家眼中的"活化石"，依然可以成为当地人钟情的美味。

泰国海鲜市场里贩卖的鲎

【石松】

| Lycopodium clavatum |

原始植物羊齿蕨类植物的近亲，拥有可以输送水与养分的维管束。泥盆纪种类迅速增加，到了石炭纪形成了广袤的森林，石松植物门下，有石松类、卷柏类、水韭类3种。与现生石松毫无区别的化石种——原始鳞木出土于澳大利亚的志留纪地层。引发了有关植物登陆时间的热议。

长有与仅有一根叶脉的针叶树相似的叶子

数据	
分类	石松目石松科 石松属
全长	10～30厘米
栖息地	广泛分布于北半球气候温暖的山地
生活区域	山林以及路边日照良好的地方

亚马孙河孕育了丰富的生态系统
亚马孙河中心保护区

位于巴西亚马孙州，2000 年被列入《世界遗产名录》。

号称流域面积最广的大河——亚马孙河。雅乌国家公园为中心的热带雨林在其流域内，被认为是地球上有着最丰富生态体系的区域之一。这片雨林中残存了许许多多人迹未至的区域，生活着巨大的淡水鱼、在淡水中生活的海豚等奇特的动物。

亚马孙河特有的动物

电鳗

体内有约 6000 多个发电细胞。面临危险时，能放出不小于 600 伏特的电压。

水虎鱼

亚马孙河的代表性鱼类，牙齿锋利的肉食性淡水鱼的总称。性格胆小，但也有报告指出其袭击过人类。

亚马孙河豚

约 1500 万年前生存在海洋中的物种的分支，生存于淡水环境中。利用细长的吻进行捕食，猎物以小鱼和甲壳类为主。

巨骨舌鱼

体形大的约有 3 米以上，堪称世界最大的淡水鱼品种。从 1 亿多年前开始，它的体形没有发生过任何变化，故有"活化石"之称。

世界最大河流与热带雨林
所守护的保护区

保护区由四个地区组成，以人称
"黑水"的雅乌河流经的雅乌国
家公园为中心，总面积约为东京
都的 1/24，是亚马孙盆地最大的。
流域内有许多因亚马孙河泛滥而
形成的湖泊沼泽。

地球之谜

俄勒冈旋涡

神乎其神的异常之地

在那里，磁针会不停地打转，球会由低处向高处滚动。发生变化的不仅仅是物品，就连人类也会根据所站的地方不同，身高发生改变。据说在这个被称作『俄勒冈旋涡』的地方，重力是扭曲的。

19世纪中叶，开拓者还没有蜂拥而至，美国俄勒冈州生活着很多美洲土著。

有一个部落居住在西南部的金山一带，那里发生了一些异常而又恐怖的怪事。

那里不是敌对部落的所在地，而是一个圆形的区域。那里森林郁郁葱葱，弥漫着一种不明所以的恐怖气息。

土著不敢涉足其中。在骑马闲逛的时候，有时会不小心接近那片地区。据说走到某处，马就会惊慌失神，不敢再往前进一步。

不久后，有关这片土地的传言扩散开来，就连外面的人也都知道了，不知从何时起，人们开始称呼这片土地为"禁地"。

作为淘金地而建成的奇妙小屋

到了1904年，由于这块地附近发现了金矿，于是就有人盖了一间小屋作为淘金据点。

人们在这样一个令土著惧怕至极的地方淘金，就没有感到一点异样吗？有关这个时代的故事基本失传了。1911年，挖掘结束，在这历史沧桑的土地上留下空无一人的小屋。

那之后又过了10来年，矿山的劳工约翰·利斯塔将这间小屋和周边的土地据为己有。连日以来，他在这里做了各式各样的实验，记录了很多信息。到了1930年，他开始对外开放这间小屋，不是作为金山

位于俄勒冈旋涡中心的小屋。作为淘金据点1904年建成。现在摇身一变成为人气极高的悬疑景点

上面这张照片中可以看出原本的身高差，但是将俩人位置互换一下，下面这张照片上看到的两人几乎一样高

即便把手上拿着的扫帚松掉，扫帚仍然保持着站立

象。比如说，在小屋里面，磁铁完全不起作用。或许是磁场无时无刻不在发生变化，磁针只是不停地转动。球也一样，由低处向高处滚动，违反重力。将拿在手里的扫帚松开以后，扫帚就好像被无形的手撑着一样，歪斜地立着。请看左方的照片，在小屋前，两个身高有差别的人正在比身高。两个人互换位置后，原本身高差还挺大的两个人，莫名地看不出差别了。

这片被土著称为"禁地"的土地后来改名为"俄勒冈旋涡"，作为一片"重力与磁场发生扭曲的土地"，吸引大批慕名而来的游客。

因重力扭曲而导致的超自然现象是人造的障眼法吗？

现在，土地的所有权已经经利斯塔之手转让给玛利亚·库伯，继续对外公开。

在 1999 年，以超自然现象为题材的热播电视剧《X 档案》就在这里取过外景，随后就被世界各国的悬疑旅游网站和旅游向导大肆宣传，现在已人尽皆知。

在来访者之中，还存在着试图将"超自然现象"用科学来解释的学生和科学家。但据说到现在，也没有人揭开其中真相。这种事情真的可能发生吗？当初

约翰·利斯塔究竟留下了什么实验结果呢？不得而知。据说他在死前将所有的资料都烧掉了。

如果这片土地的重力真的发生了扭曲，那么调查机关和科考队应该会继续深入调查。

莫非这是某种"障眼法"？要让磁石发挥不了作用，这在矿山地带实在不是一件难事。通过调换位置让人的身高看起来有了变化，也可能是利用了人眼的错觉。因为人类在看东西的时候，一旦眼前的东西与固有认知不同，就会产生错觉，这在科学上被称为"错视"。俄勒冈旋涡之所以奇特，或许就是利用了小屋与周边环境引起人们"错视"的一种把戏。

单说球向上滚，看上去球是在向上运动，但那是错觉，实际上球是在"向下运动"。实际上，不少游乐场所都采用了这种"障眼法"设计，就连东京迪士尼乐园也通过组合运用远近法和建筑物的配色让城堡看起来很宏伟。即使俄勒冈旋涡并不是真正发生了超自然现象的场所，但是去那里游玩的人大多都心满意足地踏上了归程。揭穿谜底固然别有趣味，但让谜团永远不解开，何尝不是我们人类的一大乐趣呢？

的遗产，而是作为"神秘场所"进行公开的。矿山公司所建造的小屋有一边就像是被拽着一样向地面倾斜，实在是奇妙的现象。根据利斯塔的调查，以小屋为中心半径约 50 米的这一片土地上，有无形的力在发挥作用，形成了一个旋涡般的空间。

实地考察的人们确实看到了异

Q 人类为什么不能饮用海水呢？

A 如果追根溯源的话，人类好歹也曾作为鱼类在海洋生活过，所以人们经常会误以为人类能喝海水。实际上，人类并不能将海水作为饮用水。生物细胞的盐分浓度为0.9%，通常，人类通过肾脏将多余的盐分排出，进而维持体内的盐分浓度。如果饮用海水，血液中的盐分浓度就会上升，细胞内的水分便会流向浓度高的地方，红细胞与白细胞就会进入脱水状态，丧失机能。这时，为了降低渗透压就需要水分，所以人类就会感到口渴。如果这时继续饮用海水，血液中的盐分浓度会变得越来越高，便会觉得更加口渴，如此恶性循环下去，最终会导致肾功能衰竭，患尿毒症而死。

Q "落叶"从泥盆纪开始就有了？

A 泥盆纪晚期，作为地球上最古老的树，古羊齿属的大量生长，使地球上第一次出现森林，同时也留下了落叶的痕迹。在此之前，并不存在落叶性植物。泥盆纪晚期，气温急剧变化，古羊齿属为了克服严峻的气候，掌握了落叶这一手段。落叶时，连同树叶的枝一起掉落，为大地提供了大量有机物。另外，落叶也是节肢动物等陆生动物喜欢的食物，飘落到河流、大海的落叶，促成了浮游生物的大量繁殖，通过食物链丰富了水中的生态系统。

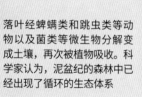

落叶经蜱螨类和跳虫类等动物以及菌类等微生物分解变成土壤，再次被植物吸收。科学家认为，泥盆纪的森林中已经出现了循环的生态体系

Q 为何"活化石"的外形不会发生变化呢？

A 2013年，东京工业大学的研究团队成功破译腔棘鱼的基因，了解到腔棘鱼进化速度极为缓慢。有说法指出，因为腔棘鱼的生存环境没有发生多少变化，所以没有进化的必要性。不过，也有人认为，就算外形相同，内部构造还是在不停地进化，只是形态相似而已。深海性鲨鱼皱鳃鲨与泥盆纪的裂口鲨外形很相似，但其骨骼与肌肉的特征都与现生的灰六鳃鲨接近。另外，与化石植物莱尼蕨相似的松叶蕨，根据分子系统解析的结果来看，确认了其属于由莱尼蕨进化而成的大叶类的一个系统。

图为与泥盆纪时期的裂口鲨类有着相似形态的皱鳃鲨。实属于原始鲨鱼，但其进化究竟属于哪一分支，意见并未统一

Q 第一个登上陆地的动物是？

A 对于以前一直生活在水中的动物而言，要是想登上陆地，它们首先必须克服干燥与呼吸两大难题。关于这一点，节肢动物因为其与生俱来的坚硬外壳（外骨骼），在适应干燥方面占据优势。另外，呼吸方面，节肢动物通过气门将空气输送到体内的气管。英国的苏格兰地区发现了4亿2800万年前志留纪时期的千足虫化石，确认了其身体上气门的痕迹。或许就是这些节肢动物在陆地上留下了第一个足印吧。与之相比，脊椎动物为了解决干燥与呼吸等问题花了不少时间，登陆时间比节肢动物大约晚了4000万年。

从志留纪到泥盆纪初期，千足虫和蝎子一类的节肢动物说不定就是第一代"陆上霸王"

陆地生活的开始

3 亿 8270 万年前—3 亿 5890 万年前
[古生代]

古生代是指 5 亿 4100 万年前—2 亿 5217 万年前的时代。这时地球上开始出现大型动物，鱼类繁盛，动植物纷纷向陆地进军，这是一个生物迅速演化的时代。

最 早 的 陆 地

世界最大的岛屿格陵兰岛。极寒的格陵兰岛大部分位于北极圈内，人们在这个岛屿上发现了泥盆纪时期有趣的化石——早期两栖类动物鱼石螈和棘螈。它们是四足动物中登上陆地的先驱，化石证明了这些生物接近于陆栖动物。现在的格陵兰岛虽然大部分被冰川所覆盖，但在泥盆纪时期，位于现在的赤道附近。水中生物完成了进化，开始在陆地上活动，对于这些"冒险家"来说，格陵兰岛是一个常夏的岛屿，适宜生存。

位于格陵兰岛东部的弗朗茨·约瑟夫皇帝峡湾

早期两栖类动物化石发现于弗朗茨·约瑟夫皇帝峡湾约 3 亿 6500 万年前泥盆纪晚期的地层。峡湾的名字来源于奥匈帝国第一位皇帝弗朗茨·约瑟夫一世，他与发现这一地区的探险队颇有渊源。在格陵兰岛西南部的依苏阿地区还发现了38 亿年前的沉积岩。

开 始！

经过生物史上的大事件——寒武纪大爆发，生物分化出各种各样的种类和形态。泥盆纪晚期有一部分一直生存在水中的生物来到陆地。这一时期，不断尝试登陆的，是具备四肢的早期两栖类动物鱼石螈和棘螈。未知的陆地究竟是安全的还是危险的？出现在它们面前的广阔新天地，对于之后的生物来说也是一条全新的进化之路。

泥盆纪晚期的生物大灭绝

从繁盛走向灭绝的海洋生物

泥盆纪晚期生物大灭绝的最大特征是其给生存于海洋里的生物带来了巨大的影响。海洋里发生了什么？至今仍谜团重重。让我们先来看一看事件的背景。

迎来大繁盛的造礁生物

如果现在我们考察一下泥盆纪中期的海洋，必然会眼花缭乱——生物种类是如此多样，其色彩形态是如此丰富。

泥盆纪被称为"鱼的时代"，有无颌类及盾皮类等丰富多样的鱼类。在泥盆纪中期，即3亿9330万年前—3亿8270万年前，形成了地球史上最大规模的"礁"，也是生物礁发达的年代。

床板珊瑚、层孔虫、四射珊瑚等颜色鲜艳的造礁生物[注1]覆盖海底，海洋中到处是菊石类[注2]动物、叫作"石燕"的腕足类动物[注3]、海绵动物等，大小鱼类穿梭其中。

这样一个海洋生物的乐园旦夕之间成了死寂的世界，海洋生物在很短的时间内就灭绝了。

另一方面，这一时期，在植物覆盖的陆地上，生息着大量包括昆虫祖先[注4]在内的陆生节肢动物，这些陆地生物受到大灭绝影响的可能性较低，灭绝主要发生在海洋生物身上。这又是为什么呢？

珊瑚聚集在一起形成的"礁石"突然消失了！

造礁生物繁荣的泥盆纪中期海底想象图
奥陶纪时代床板珊瑚等造礁生物和海绵动物广泛发育。腕足动物及各种造礁生物大灭绝后，经过志留纪又得以复活，进入泥盆纪后迎来了进一步的繁荣。

□ 算得上"五次大灭绝事件"之一的生物大灭绝事件

寒武纪之后，生物的种类虽然有所增加，但有时也会大量减少。在这些时期，生物突然间灭绝。特别严重的生物大灭绝在寒武纪之后的显生宙发生过五次，被称为"五次大灭绝事件"。泥盆纪晚期的生物大灭绝是继奥陶纪末之后地球上发生的第二次生物大灭绝。

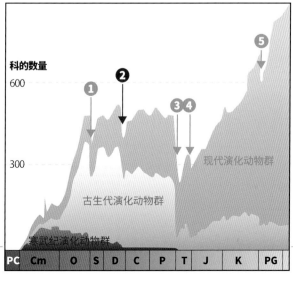

科的数量

600

300

现代演化动物群

古生代演化动物群

寒武纪演化动物群

PC Cm O S D C P T J K PG

"五次大灭绝事件"及其他主要的生物灭绝事件

PC: 前寒武纪　Cm: 寒武纪　O: 奥陶纪　S: 志留纪
D: 泥盆纪　C: 石炭纪　P: 二叠纪　T: 三叠纪
J: 侏罗纪　K: 白垩纪　PG: 古近纪

❶**奥陶纪末**
4亿4340万年前，海洋物种的85%灭绝。

❷**泥盆纪晚期**
3亿8000万年前—3亿6000万年前，全部物种的82%灭绝。

❸**二叠纪末**
2亿5200万年前左右，全部物种的90%～95%灭绝。

❹**三叠纪末**
2亿13万年前，全部物种的76%灭绝。

❺**白垩纪末**
6600万年前，恐龙等全部物种的70%灭绝。

半数灭绝 极尽繁盛的海洋生物

◯在F-F事件期间数量骤减的动物

下图中上半部分的蓝带代表生息于近陆的浅海海底动物，下半部分的绿带代表生息于远洋较深海域里的动物。图中列举的是数量显著减少的一些动物。

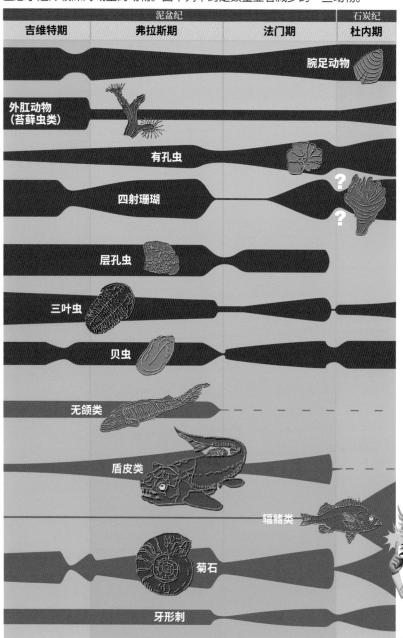

层孔虫

是吸收海水中的二氧化碳来制造礁石的一种动物。在海水中制造的礁石可以形成照片中这种石灰岩。

甲胄鱼（无颌类等）

甲胄鱼至泥盆纪中期逐渐减少，进入晚期几乎灭绝，是代表泥盆纪这个"鱼的时代"的动物。

三叶虫

保存状态良好的三叶虫化石。三叶虫也是受到生物大灭绝影响遭受重大打击的动物之一。

盾皮类和无颌类的甲胄鱼在这一时期几乎灭绝了。

这一时代的生物大灭绝发生在泥盆纪晚期的两个时代，弗拉阶（3亿8270万年前—3亿7220万年前）和法门阶（3亿7220万年前—3亿5890万年前）期间尤为显著。人们取这两个时期的首字母，将这一时代的生物大灭绝称为F-F事件。

F-F事件产生的历史背景尚有许多不明之处，甚至连灭绝现象持续的时间段，科学界也有不同的见解[注5]，从50万年以内至1500万年不等。

灭绝的规模

这次大灭绝是怎样的规模呢？据1982年发表的统计数据[注6]，海洋生物有21%的科级、约50%的属级生物灭绝。此后的研究显示有约83%的种级灭绝。

其中数量显著减少的是床板珊瑚、四射珊瑚、层孔虫等造礁生物。四射珊瑚原本有160多个属，后来减少到60个属；床板珊瑚由84个属减少到17个属。此外，层孔虫也由37个属减少到20个属，几乎减半。

菊石类也是遭受巨大打击的动物。菊石类在泥盆纪晚期非常繁荣，有棱菊石目和海神石目，而在泥盆纪和石炭纪之交，大部分都灭绝了，其中只有少数棱菊石目的菊石类得以幸存。

进入淡水、半咸水域的鱼类得以幸存

我们把目光转向鱼类。主要生息于海底的无颌类在泥盆纪晚期有所减少，在 F-F 之交几乎灭绝。统治泥盆纪海洋的捕食者盾皮类在最盛时有 49 个科，在 F-F 之交有 15 个科灭绝，在法门阶末有 12 个科灭绝，只有极少数的属幸存到石炭纪。

然而，在泥盆纪有大量的鱼类从海洋、河流、湖泊等来到了内陆的淡水、半咸水域。与留在海洋里的鱼类相比，来到淡水、半咸水域的鱼类躲过 F-F 事件，幸存了下来。淡水湖经常变得干旱，水质又时常带有毒性，与海洋相比变化剧烈，生息于此的动物的适应能力自然就有所提高。

留在海洋里的鱼类则对环境变化的适应力较弱。那么海洋里究竟发生了怎样的变化呢？

德国黑森州残留有海洋缺氧状态痕迹的岩层露出

在德国中西部黑森州巴特维尔东根附近的施密特采石场遗迹中能够观察到接近 F-F 事件的缺氧状态海相地层，这种地层被称为凯尔瓦塞石灰岩层，在欧洲，也将 F-F 事件称为凯尔瓦塞事件。

气温、水温的下降及海洋缺氧状态

泥盆纪晚期生物大灭绝的主要原因之一是气温、水温的下降。

这一时期大量灭绝的生物多数是喜好较温暖海水的动物。相较于来到淡水、半咸水域的适应能力强的鱼类，留在海里的鱼类在不断变冷的海

科学笔记

【造礁生物】 第104页 注1
聚集在一起形成"礁石"的动物被称为造礁生物。群体性的床板珊瑚以及四射珊瑚等珊瑚虫是泥盆纪造礁生物的代表。

【菊石类】 第104页 注2
一般认为菊石类最早出现在泥盆纪早期。少数逃过 F-F 事件的菊石类历经石炭纪和二叠纪，再次迎来了繁荣。

【腕足类动物】 第104页 注3
腕足动物中约86%的属级在生物泥盆纪晚期灭绝。一种叫作"石燕"的类似双壳贝的物种幸存至二叠纪。

【昆虫祖先】 第104页 注4
在地球上最早出现森林的泥盆纪时期，从节肢动物中进化出了最古老的昆虫（广义的昆虫）——六足类，一般认为是没有翅膀的。

近距直击

生物幸存下来的原因？

在泥盆纪晚期的生物大灭绝中幸存下来的远洋鱼类有软骨鱼类（如现在的鲨鱼）。软骨鱼类具有能够感知海洋中微细电流的"劳伦氏壶腹"，这一器官能够发现躲藏在沙子里的猎物。一般认为这是它们幸存下来的原因之一。

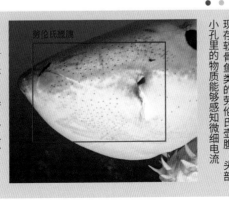

劳伦氏壶腹

现存软骨鱼类的劳伦氏壶腹。头部小孔里的物质能够感知微细电流。

泥盆纪晚期的生物大灭绝

地球史导航

这一系列的环境变化的确给生物带来影响。

气温水温降低

泥盆纪早期，地球温度较高，之后逐渐趋于寒冷。其原因一般被认为是大陆冰川的扩张，但尚无定论。

三叠纪	温暖期
二叠纪	寒冷期
石炭纪	
泥盆纪	
志留纪	
奥陶纪	
寒武纪	
寒武纪早期	

22℃　17℃　12℃

海洋缺氧状态

虽然能够确证F-F之交海洋中氧气减少现象频繁发生，但还不知晓原因。

人们在英国彭布鲁克地区泥盆纪晚期的古老赤砂岩层中也发现了黑色页岩

海平面的变动

由于海进，海平面上升，动植物尸体等有机物流入大海，海水中富含营养。

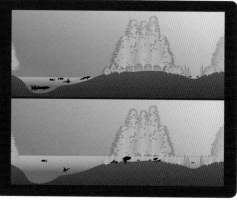

生物大灭绝的原因是什么？

要查明引起泥盆纪晚期生物大灭绝的直接原因是困难的，现阶段最有说服力的推测是，当时环境中的若干因素共同引发了生物大灭绝。左图列举的三种要素极有可能在其中产生了重要的影响，至于这些现象是如何产生的，至今没有得出确切的答案。

科学笔记

【不同的见解】 第106页 注5
关于"生物大灭绝"现象，如果认为是由多个原因分阶段性引发的话，则会认为其持续期间较长；相反，若认为是由某一突变所引发，则倾向于认为其周期较短。就泥盆纪晚期来说，一般认为有两次灭绝高峰，分别是F-F之交与法门阶末。

【1982年发表的统计数据】
第106页 注6
由研究五次大灭绝事件的第一人——美国芝加哥大学古生物学家约翰·塞普科斯基发表。

【黑色页岩】 第108页 注7
海底积蓄大量有机物时，分解过程中需要消耗氧气，从而造成缺氧状态。未分解的大量有机物所形成的黑色页岩是海洋缺氧状态的有力证据。

洋里只有死路一条。无法移动的造礁生物、海生无脊椎动物也在渐渐变冷的海底灭绝了。

另外一个重要原因是海洋缺氧状态。欧洲各地这一时代的地层中都发现了黑色页岩[注7]，可知在这一时代缺氧状态或无氧状态频繁发生，将生物逼到灭绝的境地。

总之有一点是明确的：环境变化使动物发生了巨大的改变。从鱼类进化而来的最古老的四足动物棘螈和鱼石螈，大约是在3亿6500万年前，即在F-F事件的约1000万年后登场了。

近距直击

生物大灭绝的原因是地幔柱上升吗？

泥盆纪晚期，地球内部存在大规模的地幔柱上升。有人认为是这种地壳变动引起了这一时期气温下降，海洋进入缺氧状态。细节尚不可知，有待进一步的验证。

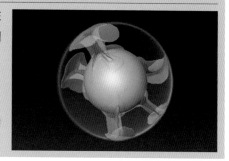

地球内部巨大的地幔上升被称为超级地幔柱，蘑菇形状的圆头部分直径达1000千米

导致生物大灭绝的直接原因是"生物进化"

逐步发展的生物大灭绝

寒武纪之后生物不断大量灭绝，特别大的几次事件被称为"五次大灭绝事件"，分别发生在奥陶纪、泥盆纪、二叠纪、三叠纪以及白垩纪。泥盆纪晚期，海洋生物受到的冲击最为强烈，20%以上的科级、80%以上的种级都灭绝了。鱼类当中，邓氏鱼等盾皮类生物的一大半灭绝了，有骨甲的无颌类生物几乎全部灭绝。泥盆纪的无脊椎动物中最有名的是浑身长刺、怪模怪样的三叶虫，也全部消失了。

就其原因说法不一，泥盆纪的生物大灭绝不是突发性事件，而是在1000万年左右的时间内逐步发展的。我们知道位于瑞典的直径约50千米的锡利扬陨石坑是由于泥盆纪晚期巨大陨石撞击而产生的，也有人认为这是生物大灭绝的原因之一。

■生物大灭绝的原因是陨石撞击？

泥盆纪晚期由于陨石撞击而产生的瑞典锡利扬陨石坑。与其他时代一样，有人提出是陨石撞击造成泥盆纪晚期生物大灭绝。但这一说法现在几乎被否定了。

■改变海洋生态系统的新捕食者

上图：旋齿鲨的牙齿化石。螺旋状的牙齿排列是其最大的特征。

左图：现生黑线银鲛的远亲——软骨鱼类旋齿鲨。出现于石炭纪，直至三叠纪时期极度繁盛，分布范围极广。

陆地植物和新的捕食者

1995年，有人提出了一个有趣的假说，认为陆地植物的繁荣是引发生物大灭绝的导火索。泥盆纪晚期，陆地上生长着巨大的蕨类植物，逐渐形成了地球史上最原始的森林。但是可以消耗、分解茂盛植物的生物还没有进化完全，大量植物遗骸埋在海岸周围。最有力的证据是泥盆纪中期至晚期，整个世界的海洋里堆积了富含有机物的黑色泥岩。这些来自植物的沉积物含有大量的碳，意味着大气中失去了大量的二氧化碳，结果是造成地球大气的温室效果下降，引发了全球变冷，从而造成了生物的大量灭绝。

我认为新出现的一种鲨鱼也是生物大灭绝的原因之一。泥盆纪繁盛的鱼类主要是无颌类或有颌但没有牙齿的盾皮类，能够攻击具有坚硬外壳和骨甲的鱼类的捕食者几乎不存在。但到了泥盆纪，出现了有着坚硬牙齿和颌的鲨鱼（软骨鱼类），石炭纪至三叠纪长着螺旋状牙齿的旋齿鲨就是其中之一。可以推测，泥盆纪时期也存在它们的远亲，有着结实的骨甲，能够轻易捕食行动缓慢的三叶虫及甲胄鱼，导致其灭绝。

比如现代，只有人这一种物种繁荣，引起全球规模的环境变动及大型生物灭绝。我认为不仅要关注生物环境的外在变化，研究生物进化本身对于解开生物大灭绝之谜也是至关重要的。

平山廉，生于1956年。毕业于庆应义塾大学经济学系。京都大学研究生院地球科学研究科博士课程肄业。以爬行类动物化石为中心，研究龟类的系统进化、功能形态学及古生物地理学。著有《想说给人听的恐龙故事》《乌龟之路》等。

四足动物的登场

拥有"手和脚"的动物终于登场了！

登陆的开始 由鳍进化出『足』

3亿6500万年前的泥盆纪晚期，发生了对于地球生物来说具有划时代意义的事件。一部分鱼类的四个『鳍』进化成了四肢，四足动物的祖先登场了。

最古老的四足动物是两栖类

鱼石螈和棘螈长着有鳍的长尾巴，适宜在水中游泳，而且还有着与鱼类特征相似的头部。但它们的身体两侧，在"鱼鳍"的位置长有肢体，肢体前端有"趾"。约3亿6500万年前出现的这些动物是脊椎动物中最早有两对肢体的动物，即最古老的四足动物。

它们为什么长出了四肢呢？为了登陆？可是它们能在陆地上存活吗？

近年的研究表明，这些动物虽然极有可能将栖息的场所扩大到陆地，但并不能完全脱离水生活。最古老的四足动物是需要生活在两种环境中（水和陆地）的两栖类动物[注1]。

但是，"鳍变成四肢"这一进化在不久后登场的爬行类、哺乳类以及包括人在内的完全陆生动物的进化过程中具有极其重要的意义。让我们近距离观察一下远古的祖先们是如何登陆的。

鱼石螈
Ichthyostega

由肉鳍类进化而来，是最古老的两栖类动物之一。有宽阔的肋骨、硕大的肩膀，后肢欠发达，不适宜陆地行走。尚未发现其前肢的化石，复原图参考了后肢化石。

四足动物的登场

现在我们知道!

无法在陆地上行走的原始四足动物的『四肢』

作为拥有四肢的原始脊椎动物，最广为人知的是棘螈和鱼石螈，它们是由鱼类中的肉鳍类进化而来的两栖类动物。那么，这种进化是怎样发生的呢？

在从鱼类到四足动物的进化过程中发生的重要变化是：两对鱼鳍进化成四肢。实际上这种进化在肉鳍类动物中已经发生了。

在棘螈和鱼石螈出现的数千万年前，肉鳍类动物真掌鳍鱼和提塔利克鱼的鱼鳍上就已经有了上腕骨、桡骨和尺骨，这三种骨形成了后来四足动物的四肢。

棘螈和鱼石螈的四肢中也有这三种骨。不仅如此，棘螈的四肢明确存在八趾，鱼石螈的后肢也明确存在七趾——它们拥有了有趾的四肢。

棘螈用四肢来做什么?

棘螈用四肢在陆地上行走吗？近年的研究成果表明，棘螈在陆地上进行四肢行走尚有难度。

比如，棘螈的四肢尚未强壮到能够支撑身体来对抗地球的重力，而且前肢也是从身体的侧方长出来的，无法弯曲，不可能在陆地上支撑身体。

而且，棘螈的肋骨较短，不能够保护内脏。它们已经具备了肺[注2]，但在陆地上肺可能会被压扁。

基于这样的特征，棘螈虽然有时会从水中伸出头来呼吸，但还无法登上陆地。那么，棘螈的四肢是用来做什么的呢？大概是用来在水底移动行走，拨开水草吧。

鱼类进化而诞生出的四肢

动物的四肢有着相似的构造，即由一根骨（前肢为上腕骨、后肢为大腿骨）与两根骨（前肢为桡骨和尺骨、后肢为胫骨和腓骨）相连，其前端连接趾骨（指骨）等一些小骨骼。肉鳍类真掌鳍鱼就已经具备了这种骨骼构造。

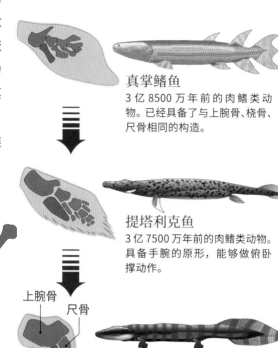

真掌鳍鱼
3亿8500万年前的肉鳍类动物。已经具备了与上腕骨、桡骨、尺骨相同的构造。

提塔利克鱼
3亿7500万年前的肉鳍类动物。具备手腕的原形，能够做俯卧撑动作。

上腕骨　尺骨
桡骨

棘螈
3亿6500万年前的两栖类动物。三根骨头前端长有八趾。

人类
人类的手臂有着同远古祖先真掌鳍鱼同样的构造。

趾是怎样产生的?

解释趾的产生过程有一个很有说服力的假说，该假说认为构成鳍的细小骨骼是趾的起源。在鳍的主骨不断弯曲的过程中，细小的骨头变成了趾。曾经人们认为四肢最多只有五趾，但这一假说能够解释出现七趾、八趾的情况。

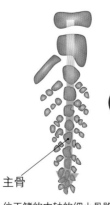

位于鳍的中轴的细小骨骼是趾的起源。
主骨

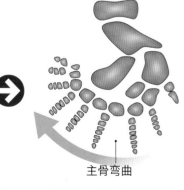

主骨弯曲，面向外侧的骨骼变成了趾。
主骨弯曲

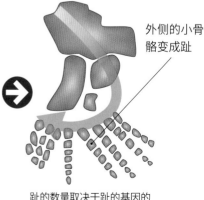

趾的数量取决于趾的基因的指令。
外侧的小骨骼变成趾

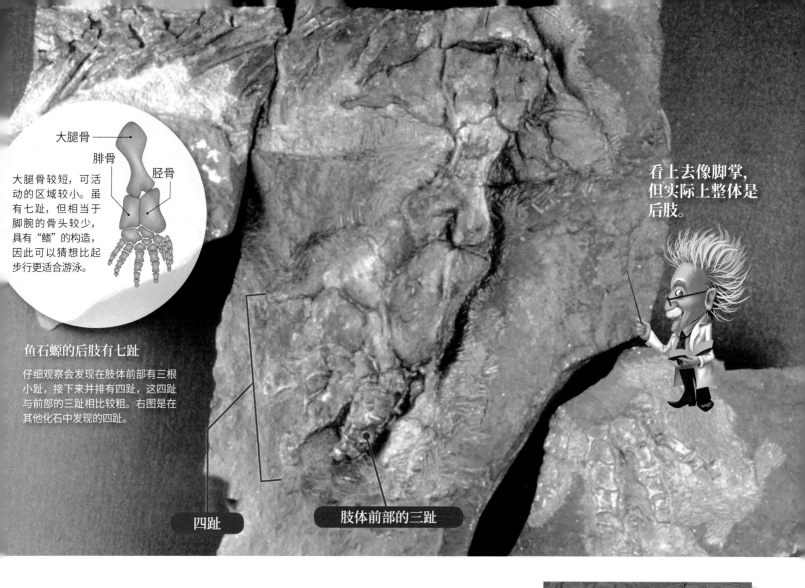

大腿骨

腓骨
胫骨

大腿骨较短，可活动的区域较小。虽有七趾，但相当于脚腕的骨头较少，具有"鳍"的构造，因此可以猜想比起步行更适合游泳。

鱼石螈的后肢有七趾

仔细观察会发现在肢体前部有三根小趾，接下来并排有四趾，这四趾与前部的三趾相比较粗。右图是在其他化石中发现的四趾。

四趾

肢体前部的三趾

看上去像脚掌，但实际上整体是后肢。

鱼石螈在陆地上爬行移动？

另一方面，鱼石螈具有结实的肋骨、宽大的肩骨，能够在陆地上支撑起上半身。但相比前肢，鱼石螈的后肢非常弱小，关节难以弯曲，只能像鳍一样活动。

可以推测鱼石螈像现在的海獭一样，是在陆地上爬行移动的。

棘螈和鱼石螈是几乎同一时期在淡水水边[注3]环境中进化出四肢的动物，但其身体特征和生态有所不同。也许此外还有其他进化出四肢的动物，不同的动物以不同的形式尝试着登陆。

【原始四足动物的多样性】
近几年，世界各地泥盆纪的地层中都发现了原始四足动物的化石，从中人们发现鱼类以多种形式向四足动物进化。

【圆锥形尖锐的牙齿】
鱼石螈以较大的鱼类和无脊椎动物的尸骸为食。棘螈的牙齿类似于肉鳍类动物，在水中捕食食物。

【侧线】
鱼类在水中感知水压和水流变化的器官，在甲壳类及头足类动物中也有类似的器官。在现存的两栖类动物中，大多数情况下侧线只存在于幼体阶段。

【放射骨】
在鱼鳍中排列有发散的骨头支撑鱼鳍的膜，这种骨头就是放射骨。在鱼石螈被发现之时，人们尚不知晓其他具有放射骨的四足动物。

棘螈
Acanthostega gunnari

全长约 60 厘米。20 世纪 20 年代人们发现了其头骨碎片，命名为棘螈，意为"带刺的骨甲"。1987 年，在东格陵兰岛发现了其几乎完整的全身骨骼。

八根趾的"手"
通过棘螈的四肢骨骼化石可以确认其有八根趾。趾头在肢体末端呈扇形排列，没有相当于腕部的关节。因此，与其说四肢是用来行走的，不如说是用来拨水的。

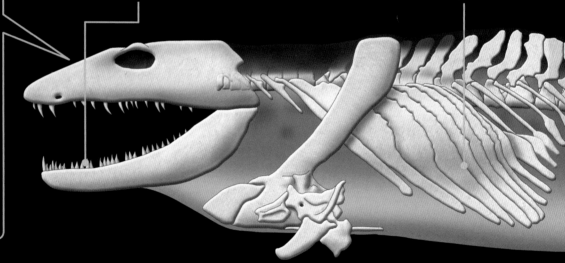

嘴部与牙齿
鱼石螈有着圆锥形的尖锐牙齿，能够捕食大型猎物。而棘螈的牙齿由小牙和几根獠牙构成。

肋骨
鱼石螈的肋骨结实宽大，构造奇特，前面的一根肋骨覆盖了后面的三四根肋骨。与此相对，棘螈的肋骨短小而细弱。

头部"上方"的眼睛
鱼石螈的头骨上部扁平而宽大，较大的眼窝向上凸起。其有着上述两栖类动物特征的同时，还具备鱼类的共通特点，头骨表面有侧线管结构。

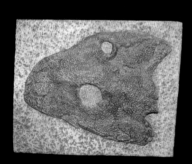

"使用鳍行走的鱼"和棘螈

棘螈在水底是如何行走的，可以借助蛙鮟鱇来进行推测。蛙鮟鱇是将鳍当作四肢在海底移动的鱼类。为了伏击捕食小猎物，它在停留海底时也会灵活地使用鱼鳍。一般认为棘螈也会采取类似的行动。

鱼石螈
Ichthyostega

全长约 1 米。20 世纪 30 年代人们发现了其最初的化石，命名为鱼石螈，意为"鱼的铠甲"。现在，除了前肢之外，其他部分的骨骼化石已全部被发现。

最古老的四足动物

泥盆纪晚期的两栖类

为了捕获猎物而长出尾巴?

棘螈硕大而醒目的尾巴表明了其捕食者的身份。潜藏于水中时,尾巴起到稳定身体的作用,而捕猎时能够迅速摆动,起到加速的作用。其尾鳍类似于在水中生息的肺鱼。

大腿骨

棘螈的大腿骨比上腕骨长,与鱼石螈短小的大腿骨形成对比。鱼石螈前肢较大,这种体形在四足动物中属于异类。

尾巴

两者都与鱼类相似,长着有放射骨的长尾巴,在水中游泳时起到推动的作用。棘螈有着很多长长的放射骨。

不适宜在陆地上行走的后肢

鱼石螈的胫骨和腓骨扁平,关节也呈难以弯曲的形状。没有可见于现存爬行类的"脚后跟"的骨头,仅靠肢体难以支撑体重。

现存爬行类动物的肢体

棘螈和鱼石螈的化石都发现于东格陵兰岛泥盆纪晚期约3亿6500万年前的地层中。棘螈和鱼石螈出现在同一时代几乎同样的环境中,二者之间存在共同点,如都长着有趾的四肢,但也存在明显差异,是不同种类的两种动物。这两种动物的差异当时在其他动物身上应该也存在,表现了原始四足动物的多样性。

动物的登陆

离开水边 登上陆地的动物

泥盆纪晚期出现的四足动物利用四肢在水边生存，进化出了陆生动物。这个过程当中发生了什么？从拥有四肢的两栖类动物中

"手"是为了拨开枯枝在水中行走而进化出来的。

在严苛的水边环境中发挥作用的四肢

棘螈和鱼石螈"有趾的四肢"只能在水底爬行，很不起眼，但这种四肢在它们的生存场所有重要的意义。

棘螈和鱼石螈生存在河边的潮湿地带，这些河流经地球上最早的森林，因此水边堆积了很多枯枝，要在其中移动，棘螈"有趾的四肢"无疑发挥了很大的作用。潮湿地带的环境不稳定，到了旱季，水量会严重减少，鱼石螈也许用它那强韧的前肢爬上了干旱的泥土。

促使它们进化出四肢的正是这难以生存的水边环境，但它们选择这种环境一定有其理由。一般认为它们主要是为了躲避捕食者而逃到水边躲藏。生活在这种环境中，引发了后来飞跃性的进化——从拥有四肢的两栖类动物中，出现了真正完成登陆的动物。

棘螈
Acanthostega gunnari

在泥盆纪晚期的淡水水域，
生存着众多巨型食肉鱼以及
多样的水生动物。为了避开
这些捕食者，棘螈选择在浅
滩的枯树枝中"行走"。

登陆过程中仍存在很多谜团。

耐干燥的皮肤
覆盖皮肤的鳞片耐干燥，一部分原始两栖类动物保留了鳞片，很多爬行类动物也有鳞片。

坚固的下颚
两栖类动物为了呼吸空气，面颊处需要像气泵一样运送空气，因此下颚发达。下颚在陆地捕食过程中也发挥了重要的作用。

支撑体重的四肢
宽大的骨盆、结实的大腿骨，在这两个发达骨骼的基础上，能够扭转脚腕向前移动。

肺和肋骨
肉鳍类动物已经进化出了肺。为了登上陆地，还需要进化出包裹胸腔的肋骨，以防止肺部损伤。

现在我们知道！

『陆地生活』是生存的选项之一

"手脚为何产生？动物为何登上陆地？"

这两个问题令古生物学家苦恼，迄今也出现过很多假说。虽然还没有明确答案，但有关棘螈和鱼石螈等原始四足动物的研究成果引出了若干个比较有说服力的假说。

其中之一就是：进化出四肢，进而登上陆地，是为了躲避捕食者的追捕。

为了躲避捕食者而来到的地方

这个时代的淡水水域里，生存着早期四足动物、与四足动物相似的鱼类等。此外还有众多以它们为食的大型食肉鱼类等捕食者。河流、湖泊是含肺鱼等凶猛的食肉鱼类所统治的世界。

☐ 离开水中环境所需的准备

上图是石炭纪两栖类动物树甸螈[注1]的复原图。水生动物要爬上陆地，需要不断进化，以解决诸多问题。除了上图中列举的事项，耳朵和眼睛的构造也需要发生巨大的变化。

棘螈生活在浅滩，那里堆积着古羊齿（形成地球上最原始的森林）的枯枝和落叶，是大型食肉鱼类无法进入的地方。为了能够躲避捕食者，它们选择了水边这一安全场所，进化出了适应环境的四肢。

经过数代的水边生活，它们逐渐进化出了原始两栖类动物的身体。在既非水又非陆的环境中，它们有了四肢、肺以及预防干燥的组织等，渐渐具备登陆所需的身体机能，做好了登上陆地的准备。

是谁最早走上了陆地？

就如棘螈为了寻求安居之所而来到水边，最早登陆的两栖类动物恐怕也是为了躲避捕食者或者为了获取

🔍 近距直击

被颠覆的"罗默假说"

有关四肢诞生的假说，古生物学家阿尔弗雷德·罗默[注2]于20世纪五六十年代提出的观点长期以来占据主导地位：由于池塘湖泊干旱，残存的一部分鱼类为了登上陆地寻找水源而进化出四肢。然而进入20世纪80年代之后，人们了解到泥盆纪的环境并没有如此严峻，该假说几乎被否定了。

在干旱的泥土上爬行的弹涂鱼在这种环境中或许也有动物进化出了『手』吧

足迹的主人是"彼得普斯螈"？

人们发现了约 3 亿 5000 万年前的彼得普斯螈化石，从四肢的骨骼推断其能够在地面行走。下图是复原图。

瓦伦西亚岛上残留的四足动物的足迹化石

爱尔兰共和国西南端的瓦伦西亚岛上有两栖类动物的足迹化石。年代大约在泥盆纪中期至石炭纪晚期，尚不明确，难以分析其行走方式。

科学笔记

【树甸螈】 第118页 注1
石炭纪出现的两栖类动物，发现于北美及爱尔兰的地层中。全长约1米，前肢有四趾，后肢有五趾，除此之外，根据其大腿骨、胫骨、腓骨的发达情况及大大的眼睛推测，它可以进行四足行走。与现存的两栖类动物一样，有着较大的嘴巴。

【阿尔弗雷德·罗默】 第118页 注2
美国的古生物学家，从事两栖类、爬行类化石的相关研究，同时在地质学、博物学领域也颇有建树。他指出，从泥盆纪结束至石炭纪早期，还存在没有被发现的四足动物化石。这一时期被称为"柔默空缺"，近年来，发现了很多这一时期的四足动物化石。

【完全过着陆地生活】 第119页 注3
最原始的四足动物主要生活在水里，因此以什么标准来定义"陆地生活的动物"是个难题。完全可以想象有些动物穿梭于水中和陆地，它们在水中捕食，在陆地挖穴产卵，选择不同的环境完成不同的行为。

新的食物而选择登陆。那么，登陆是什么时候发生的呢？通过研究约 3 亿 1500 万年前石炭纪的树甸螈化石，可以发现树甸螈是一种两栖类四足动物，完全过着陆地生活[注3]，出现于棘螈和鱼石螈登场 5000 万年后。

这一时期很有可能出现不完全生活在陆地上但能在地面行走的两栖动物，约 3 亿 5000 万年前的彼得普斯螈极有可能属于这一类。但是近几年，从泥盆纪晚期至石炭纪的地层中不断发现四足动物的化石，今后发掘出新物种的可能性也很高。动物是如何登上陆地的，还有不少未解之谜。

新闻聚焦

人们发现 3 亿 9500 万年前最古老的足迹化石？

2010 年，有报告称在波兰发现了 3 亿 9500 万年前的四足动物的足迹化石，引起人们的关注。发现者称这"无疑是在陆地上行走的动物的足迹"。但是，仅凭足迹化石难以分析其行迹，锁定特定的动物，还有待进一步的证据发现。

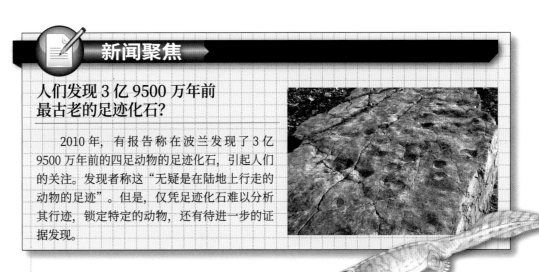

足迹大小各异，有的宽达 26 厘米。
右图是发现者描绘的想象图

堆积的古羊齿树枝和枯叶

古羊齿形成了地球上最原始的森林，它也是一种"落叶"植物。由于树叶连同树枝一同掉落，在地面及水边堆积了大量的枯枝和树叶，为陆地和水域提供了大量的有机物。

美国宾夕法尼亚州红山市

泥盆纪晚期潮湿地带的地层中出土了大量鱼类、无脊椎动物、植物等的化石，此外，还发现了大规模山火及干旱的痕迹。除了含肺鱼之外，还出土了两种四足动物的化石。

沟鳞鱼
Bothriolepis

全长约 30 厘米，鱼类，盾皮类。胸鳍被骨质的甲片所覆盖，头部和胸部外套着一个小壳，上面有弯曲的细沟。捕食泥里的小动物和有机物。

随手词典

【地被植物、蔓生植物】
地被植物是草类、蔓生植物类、苔藓类、蕨类植物、竹类等覆盖地表的植物的总称。蔓生植物是指根茎无法直立，需要依附于其他支撑体的植物。

【弯曲的河岸】
由于河流弯曲的地方会产生积水，河岸的土壤里含有充足的水分，营造出适宜植物扎根的环境。

【大规模的山火】
泥盆纪晚期，由于古羊齿等枯枝和叶子的堆积，从地层的痕迹中可以知道森林里时常发生山火。

【跳虫类】
属于最原始的没有翅膀的昆虫，以落叶及地衣类为食，摄取营养成分。在苏格兰泥盆纪早期的地层中发现过跳虫类化石。

鱼石螈
Ichthyostega

全长约 1 米，四足动物，两栖类。有着尖锐的巨大牙齿，能够捕食比较大型的鱼类和无脊椎动物。

为了捕食昆虫而登上陆地？

在水边能够捕食到水里没有的原始昆虫等新猎物。当时森林里最多的是跳虫一类的动物（下图）。

凶猛的巨型淡水鱼统治着水中世界

含肺鱼有巨大的尾鳍，擅长游泳。由于拥有肺器官，能够爬上陆地追赶猎物。

原理揭秘

在水边进行的登陆大作战

含肺鱼
Hyneria lindae

全长3～5米，肉鳍类。人们曾经发现了其长达8厘米的巨大牙齿化石。被认为是淡水域最凶猛的食肉鱼。

棘螈
Acanthostega gunnari

全长约60厘米，四足动物，两栖类。在水边伏击小鱼及水生昆虫，用鳃和肺呼吸。

生息于大型肉鳍类无法靠近的浅滩

棘螈藏身于堆积的树枝和树叶之间。长有指的四肢适合抓牢水底的泥沙、拨开树枝。

约3亿6500万年前的泥盆纪晚期，也是多种植物完成进化的时代。地被植物、蔓生植物、灌木植物等生长茂盛，出现了森林，形成现今热带雨林一般的景色。

在茂密的森林中，河流蜿蜒曲折流入淡水湖，弯曲的岸边植物繁茂。棘螈和鱼石螈栖息于潮湿地带的水边。大型食肉鱼类肆虐的大河角落里，四足动物们的眼睛望向了陆地。

🔍 近距直击 ● ● ●

泥盆纪晚期大陆的位置及化石出土地

约4亿年前的泥盆纪早期，劳伦古陆和波罗地古陆碰撞，形成了喀里多尼亚山脉等造山带。现在，泥盆纪晚期的四足动物的化石在世界各地陆续被发现，若将其出土地（右图红色部分）放置到当时的大陆位置来看，会发现大部分位于大山脉的山脚附近。从这些化石出土地得知，原始四足动物的栖息区域位于河流经过的山麓淡水水域及半咸水域。

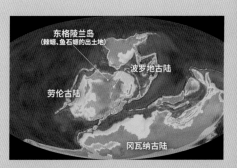

东格陵兰岛
（棘螈、鱼石螈的出土地）

波罗地古陆

劳伦古陆

冈瓦纳古陆

泥盆纪生物

Devonian Creature

在"水中"环境各自完成进化的生物

泥盆纪被称为"鱼的时代"，鱼类繁盛。除此之外，也是一个独特生物登场的时代，它们进化成其他各种各样的形态，丰富多彩。

化石出土地

泥盆纪的化石在世界各地都有发现，主要的出土地有以下几个。

【米瓜莎国家公园】
出土了大量肉鳍类动物及植物的化石。

【弗朗茨·约瑟夫皇帝峡湾】
出土了大量鱼石螈等原始四足动物的化石。

【洪斯吕克化石出土地】
此处有棘皮动物和节肢动物的化石。

【戈戈组地层】
在石灰岩中出土了皮类和海星的化石。

【硬盾菊石】

Soliclymenia

菊石类的一种，壳上的旋涡状花纹呈三角形，是较为罕见的物种。右图的化石是三角形的，一般也有卷成圆形的。海神石类是菊石里较原始的物种，通常位于腹部的连室细管位于背部。

数据

分类	头足类
年代	泥盆纪晚期
大小	最大宽度约5厘米
主要出土地	欧洲、北非

【松毯海百合】

Cupressocrinites

海百合的一种。用植物来解释的话，相当于包裹着花瓣的花萼上长着五只厚实的触手。触手厚重但柔软，能够捕捉海中细微的植物，而且为了逃避捕食者，萼的上部可以弯曲折叠，有的还能看到茎的内部管道。

数据

分类	棘皮动物
年代	泥盆纪中期至晚期
大小	萼的最大高度约5厘米
主要出土地	欧洲、摩洛哥、美国

近距直击 · · ·

在日本境内发现的泥盆纪化石是什么？

在日本飞驒外缘地带、黑濑川地带的石灰岩中出土了泥盆纪的放射虫化石。此外在北上山地的弯森层还发现了日本最古老的泥盆纪菊石类化石。这些地层在泥盆纪时期是冈瓦纳古陆的一部分，之后北上在侏罗纪时期与日本列岛撞击后附加而成。

岩手县北上山地
弯森层

岐阜县高山市
飞驒外缘地带

高知县横仓山
黑濑川地带

在右图日本的这些地点发现了从志留纪至泥盆纪的化石

【狮头虫】

Dicranurus

在长达3亿年不断适应扩散的过程中，多样化的三叶虫超过了6000属，狮头虫是其中形态特异的种类。其特征是有着伸向后方的刺以及头部像雄牛一般的"角"，拉丁语名称是"怪物"之意。

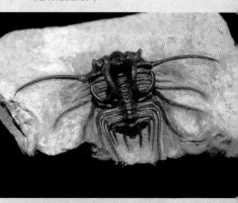

数据

分类	节肢动物
年代	泥盆纪晚期
大小	最大大约5厘米（包含刺的长度）
主要出土地	摩洛哥、美国

【胸脊鲨】

| Stethacanthus |

古代的鲨鱼。身形与现代鲨鱼类似，最大的特征是背部突出，有类似"熨衣板"的构造，这一构造的用途尚不清楚。现代的鲨鱼尾鳍上叶比下叶大很多，但胸脊鲨的上下叶几乎一样大。而且胸鳍处有鞭子一样细长的凸起，与现代鲨鱼不同。

只有雄性才具备"熨衣板"构造，可能用于防御或求爱

数据	
分类	软骨鱼类
年代	泥盆纪晚期至石炭纪早期
大小	全长约1.5米
主要出土地	北美、苏格兰

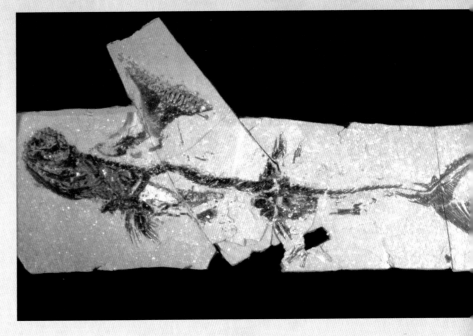

【蕨门鱼】

| Pterichthyodes |

英文名是"有翅膀的鱼"。身形虽小，但是用骨板武装自身，胸部有类似于翅膀的附肢，形状特殊。由于其眼睛位于上方，腹部侧面的胴甲扁平，可以想象其是利用附肢在湖底爬行，捕食泥土中的小动物或有机物。细长的身体后部被大的鳞片覆盖，尾鳍上叶下叶大小、形状不同，呈歪尾形。

数据	
分类	盾皮类
年代	泥盆纪中期
大小	全长20~30厘米
主要出土地	苏格兰

想象图。虽然身体被骨板覆盖武装起来，但实际上不是生活在陆地，而是生活在湖底

【双鳍鱼】

| Dipterus |

双鳍鱼是一种肺鱼，生息在生物将生存区域从沿岸咸水水域迁移至淡水水域的时代，有大型的鳃盖，主要靠鳃呼吸。其头骨上方覆有马赛克状的小骨，一部分骨头上有承担感觉及营养相关功能的凹陷。上下颌长有结实的牙齿，用于咬碎贝类等。

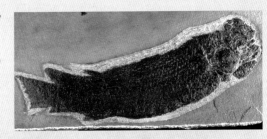

数据	
分类	肉鳍类
年代	泥盆纪中期
大小	全长约35厘米
主要出土地	苏格兰、北美

圆圆的鳞片被叫作"齿鳞质"的物质所覆盖，散发出光泽

【手棘鱼】

| Cheiracanthus |

栖息区域为湖泊和河流，主要在中层活动。有颌但没有牙齿，通过长长的过滤器官——"鳃耙"来摄取营养。其化石在多地有发现，但完整的化石只存在于苏格兰，能清楚看到其胸、腹、臀以及背鳍上突出的刺。

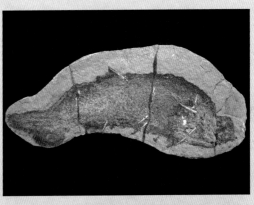

数据	
分类	棘鱼类
年代	泥盆纪中期
大小	全长约30厘米
主要出土地	苏格兰、南极

时时刻刻后退中的大瀑布
维多利亚瀑布

位于非洲赞比西河中游，赞比亚与津巴布韦接壤处。1989 年被列入《世界遗产名录》。

在流经赞比亚与津巴布韦两国边境的赞比西河中游，河水倾泻而下，发出雷鸣般的轰鸣声，形成世界三大瀑布之一的维多利亚瀑布——最大落差达 150 米。雨季结束时，落下的水量达每分钟 5 亿升。这个瀑布自形成以来水流就不断侵蚀河底，现在每年以数厘米的速度后退。

维多利亚瀑布后退图

约1亿5000万年前

现在的赞比西河流经的玄武岩高地，在形成之初就已经产生了龟裂。

250万年前

由于下游地形的隆起，赞比西河改变了流向，流经此高地，形成维多利亚瀑布。

250万年前以后

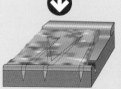

猛烈倾泻下来的河水侵蚀了沉积在高地龟裂处的柔软地层，瀑布随之向上游后退。

现在

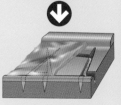

瀑布沿着龟裂不断后退，比起 250 万年前，现在的瀑布后退了约 80 千米，逐渐靠近上游。

扬起高达 500 米水雾的维多利亚瀑布

河水伴随着轰隆声倾泻而下，形成宽达 1700 米的水帘。当地的语言称之为"雷声轰鸣的水帘"。图片左前方的溪谷为曾经的瀑布的痕迹。

地球的吟唱

什么使大地在吟唱

即使没有地震，地球也总是在微弱振动。1998年，日本研究团队发现了「地球的吟唱」，其真相是什么？近年来还观测到了朝向宇宙的吟唱。

"地球任何时候都在吟唱！"

基于日本南极昭和基地观测数据的研究，这一奇异的发现始于1998年。

敲钟的时候，钟由于撞击会发生振动，空气因此产生的波就是声音。声波的频率不同，有的声音人类听得到，有的声音听不到。

地球受到大地震等的冲击时也会振动，地震波环绕地球若干周，这一现象被称为"地球自由振荡"。2011年日本大地震时，地震波在12小时内绕地球约5周。之后的一段时间内，地震波像脉搏跳动一样持续使地球发生振动。

但是地球的吟唱并不是地震引起的。

以前世界上的地震仪在没有地震时也捕捉到了小的振动，科学家们仅将其当作噪声，没有给予关注。然而，以日本名古屋大学为中心的研究小组认为"这也许意味着地球除了地震之外，还在发生其他什么事情"。

研究人员以噪声极少的南极地区的观测数据为依据，分析世界各地的记录，结果发现了地球的吟唱，学术上叫作"地球常时性自由振荡"。

虽然地球的吟唱是人耳无法听到的低频声波，但地球就像生物一样经常吟唱。随着研究的进一步深化，也许会发现全球规模的大气和海洋的变化。

但究竟是什么在令地球吟唱呢？

暴风雨产生的波涛拍打着缝隙

最初人们认为是由于紊流撞击大地而产生了吟唱，但最终人们明白了大海的波涛也是原因之一。

以相同频率振动的波涛从正面撞击，会产生独特的压力波。这种压力波

美国加利福尼亚州。波浪撞击时的能量是产生地球吟唱的主要原因

日本南极昭和基地。南极地震较少，特别是昭和基地的周边地壳稳定，也不存在地下水，噪声较少，因此可以进行精密的观测

持续检测出吟唱声数据的超传导重力仪。在日本南极昭和基地服役 10 年

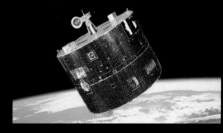

观测到吟唱声的磁尾观测卫星"Geotail"。具有两根长 6 米的磁性传感器及四根 50 米的天线

会带着能量到达海底，产生叫作"脉动"的小振动。脉动会以每秒约 4 公里的速度在地中传播几千公里。

此外，波涛撞击陡峭的海岸线时也会产生能量，使地球吟唱。特别是暴风雨和冬季风暴产生的巨浪激烈拍打岸壁时，吟唱声会变得更大。

那么，究竟是什么地方发出的吟唱声呢？

2005 年，美国国家航空航天局的研究小组发现，撞击加拿大东北部的拉布拉多半岛沿岸的海浪在加利福尼亚州产生了振动。

2009 年，美国加利福尼亚大学的研究机构报告了其调查美国地震观测网数据所得出的结果，吟唱强度最大的场所是北美和中美洲的太平洋沿岸以及欧洲的西海岸。另外人们发现，南太平洋的海面上如果发生风暴，中美洲海岸线的广大范围内几乎会同时出现地球的吟唱声。

地球似乎变成了一个整体。2013 年春，日本东北大学、名古屋大学、京都大学、美国加利福尼亚大学的联合研究团队宣称他们发现了面向宇宙的地球吟唱声。

地球 24 小时都在向宇宙发出吟唱声

这一发现是基于 1992 年日美联合项目发射的观测卫星"Geotail"所收集的电波数据解析而成的。

早前，人们就已经知道了地球会突发性地向宇宙放射强电波。太阳表面爆发"耀斑"之际，受这一爆炸冲击波影响，地球的北极和南极会出现比平时更强烈的极光现象，这时会向宇宙发射强电波。

然而，还有一种不同的电波，它虽然强度较弱，但持续向宇宙空间释放。它与地球自转同步，24 小时不间断，科学家们兴奋地将其描述为"地球用电波向宇宙发出吟唱声"。

如今人们猜测，地球的吟唱声可能是由于地球自转产生的磁场和太阳风互相作用。

在动物的世界，歌唱可能是一种求爱行为（如一些鸟类），不断发出吟唱声的地球又是在向谁求爱呢？

Q 远古两栖类与现存两栖类生物的巨大区别是什么？

A 在泥盆纪，两栖类动物从鱼类进化出来，作为脊椎动物最早开始了陆地生活。在分类学上，表示两栖类的"Amphibia"源自希腊语的"amphi（双方）"和"bios（生命）"，即"双重生活"。正如其命名所示，登陆初期的两栖类动物过着水陆两栖生活。只是这些两栖类动物后来灭绝了，与青蛙、鲵等现存两栖类是不同的系统。现存两栖类一般在幼体时是生活在水中的水生生物，变态后就成了真正的陆生生物。虽然有很多生活在水边，但并不过着水中和陆地的两栖生活，一生中既有在水中生活的时间也有在陆地生活的时间。

Q 最适应干燥环境的两栖类动物是什么？

A 两栖类动物在约 3 亿 6500 万年前完成了登陆，进化出适应干燥和重力的身体构造，适应了陆地生活。两栖类动物给人的印象是不耐旱，但现在已经进化出了适应干燥地带的物种。生活在北美干燥地带的库氏掘足蟾是最耐旱的两栖类动物。其将后肢当作铁锹，在带有湿气的沙子里挖一个深达 1 米的洞穴，夏季则一直潜伏在洞穴中。它有着令人惊讶的身体构造，能够把肾脏产生的尿液储存在膀胱中，将尿液输送到全身来提高体液的浓度。由于体液的浓度高于周围沙子所包含的水分，所以通过渗透压周围的水分就会进入体内。这样，即便在严酷的干燥气候里身体也不会变干。

库氏掘足蟾。繁殖的机会仅限于短暂的雨季，因此生殖周期非常短，卵受精后约 2 天变成蝌蚪

Q 鲸鱼和蛇没有手和脚，为什么也是"四足动物"？

A 鲸鱼是哺乳类，蛇是爬行类，在分类上都属于"四足动物"，但现存的鲸鱼和蛇都没有四肢，它们经历了怎样的进化？鲸鱼类最早的祖先是约 5300 万年前出现的一种叫作"巴基鲸"的四脚行走的哺乳类动物，这种动物栖息于淡水水域及陆地，在不断的进化中从淡水来到海洋，四肢逐渐退化。蛇也是退化了四肢的爬行类动物，是蜥蜴的一部分进化而来的，至于其四肢是怎样退化的，众说纷纭。能够确证鲸鱼的骨骼中存在退化的"后肢"，可知其是与人一样的四足动物。

黑露脊鲸的骨骼标本。垂挂在脊椎下方的小骨是退化了的后肢

Q "足迹化石"是怎样形成的？

A 棘螈及鱼石螈等原始四足动物居住在泥泞的潮湿地带及水边的泥地里。它们残留在这些地方的足迹上沉积了细小的沙、土及火山灰。经过漫长的岁月，含有这些沙土的地层变成了石头。随着时间的流逝，这些地层露出的时候，必须很好地去除覆盖在足迹上的石头地层，足迹化石才能够显露出来。两栖类等小动物的足迹如果不具备这些条件就不能成为化石，因此数量较少，难以发现。而且，很多情况下无法认定其是哪个年代形成的足迹，因此迄今为止真正被确认的四足动物足迹化石很少见。

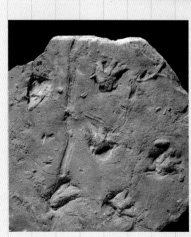

在英国英格兰北部约克夏地区，从约 3 亿 4000 万年前的石炭纪地层中发现了两栖类动物的足迹化石。图为伦敦自然史博物馆所藏的标本

这套书一言以蔽之就是"大"：开本大，拿在手里翻阅非常舒适；规模大，有 50 个循序渐进的专题，市面罕见；团队大，由数十位日本专家倾力编写，又有国内专家精心审定；容量大，无论是知识讲解还是图片组配，都呈海量倾注。更重要的是，它展现出的是一种开阔的大格局、大视野，能够打通过去、现在与未来，培养起孩子们对天地万物等量齐观的心胸。

面对这样卷帙浩繁的大型科普读物，读者也许一开始会望而生畏，但是如果打开它，读进去，就会发现它的亲切可爱之处。其中的一个个小版块饶有趣味，像《原理揭秘》对环境与生物形态的细致图解，《世界遗产长廊》展现的地球之美，《地球之谜》为读者留出的思考空间，《长知识！地球史问答》中偏重趣味性的小问答，都缓解了全书讲述漫长地球史的厚重感，增加了亲切的临场感，也能让读者感受到，自己不仅是被动的知识接受者，更可能成为知识的主动探索者。

在 46 亿年的地球史中，人类显得非常渺小，但是人类能够探索、认知到地球的演变历程，这就是超越其他生物的伟大了。

—— 清华大学附属中学校长

纵观整个人类发展史，科技创新始终是推动一个国家、一个民族不断向前发展的强大力量。中国是具有世界影响力的大国，正处在迈向科技强国的伟大历史征程当中，青少年作为科技创新的有生力量，其科学文化素养直接影响到祖国未来的发展方向，而科普类图书则是向他们传播科学知识、启蒙科学思想的一个重要渠道。

"46 亿年的奇迹：地球简史"丛书作为一套地球百科全书，涵盖了物理、化学、历史、生物等多个方面，图文并茂地讲述了宇宙大爆炸至今的地球演变全过程，通俗易懂，趣味十足，不仅有助于拓展广大青少年的视野，完善他们的思维模式，培养他们浓厚的科研兴趣，还有助于养成他们面对自然时的那颗敬畏之心，对他们的未来发展有积极的引导作用，是一套不可多得的科普通识读物。

—— 河北衡水中学校长

"46亿年的奇迹：地球简史"值得推荐给我国的少年儿童广泛阅读。近20年来，日本几乎一年出现一位诺贝尔奖获得者，引起世界各国的关注。人们发现，日本极其重视青少年科普教育，引导学生广泛阅读，培养思维习惯，激发兴趣。这是一套由日本科学家倾力编写的地球百科全书，使用了海量珍贵的精美图片，并加入了简明的故事性文字，循序渐进地呈现了地球46亿年的演变史。把科学严谨的知识学习植入一个个恰到好处的美妙场景中，是日本高水平科普读物的一大特点，这在这套丛书中体现得尤为鲜明。它能让学生从小对科学产生浓厚的兴趣，并养成探究问题的习惯，也能让青少年对我们赖以生存、生活的地球形成科学的认知。我国目前还没有如此系统性的地球史科普读物，人民文学出版社和上海九久读书人联合引进这套书，并邀请南京古生物博物馆馆长冯伟民先生及其团队审稿，借鉴日本已有的科学成果，是一种值得提倡的"拿来主义"。

——华中师范大学第一附属中学校长

周鹏程

　　青少年正处于想象力和认知力发展的重要阶段，具有极其旺盛的求知欲，对宇宙星球、自然万物、人类起源等都有一种天生的好奇心。市面上关于这方面的读物虽然很多，但在内容的系统性、完整性和科学性等方面往往做得不够。"46亿年的奇迹：地球简史"这套丛书图文并茂地详细讲述了宇宙大爆炸至今地球演变的全过程，系统展现了地球46亿年波澜壮阔的历史，可以充分满足孩子们强烈的求知欲。这套丛书值得公共图书馆、学校图书馆乃至普通家庭收藏。相信这一套独特的丛书可以对加强科普教育、夯实和提升我国青少年的科学人文素养起到积极作用。

——浙江省镇海中学校长

人类文明发展的历程总是闪耀着科学的光芒。科学，无时无刻不在影响并改变着我们的生活，而科学精神也成为"中国学生发展核心素养"之一。因此，在科学的世界里，满足孩子们强烈的求知欲望，引导他们的好奇心，进而培养他们的思维能力和探究意识，是十分必要的。

　　摆在大家眼前的是一套关于地球的百科全书。在书中，几十位知名科学家从物理、化学、历史、生物、地质等多个学科出发，向孩子们详细讲述了宇宙大爆炸至今地球46亿年波澜壮阔的历史，为孩子们解密科学谜题、介绍专业研究新成果，同时，海量珍贵精美的图片，将知识与美学完美结合。阅读本书，孩子们不仅可以轻松爱上科学，还能激活无穷的想象力。

　　总之，这是一套通俗易懂、妙趣横生、引人入胜而又让人受益无穷的科普通识读物。

——东北育才学校校长

　　读"46亿年的奇迹：地球简史"，知天下古往今来之科学脉络，激我拥抱世界之热情，养我求索之精神，蓄创新未来之智勇，成国家之栋梁。

——南京师范大学附属中学校长

　　我们从哪里来？我们是谁？我们要到哪里去？遥望宇宙深处，走向星辰大海，聆听150个故事，追寻46亿年的演变历程。带着好奇心，开始一段不可思议的探索之旅，重新思考人与自然、宇宙的关系，再次体悟人类的渺小与伟大。就像作家特德·姜所言："我所有的欲望和沉思，都是这个宇宙缓缓呼出的气流。"

——成都七中校长

看到这套丛书的高清照片时，我内心激动不已，思绪倏然回到了小学课堂。那时老师一手拿着篮球，一手举着排球，比画着地球和月球的运转规律。当时的我费力地想象神秘的宇宙，思考地球悬浮其中，为何地球上的江河海水不会倾泻而空？那时的小脑瓜虽然困惑，却能想及宇宙，但因为想不明白，竟不了了之，最后更不知从何时起，还停止了对宇宙的遐想，现在想来，仍是惋惜。我认为，孩子们在脑洞大开、想象力丰富的关键时期，他们应当得到睿智头脑的引领，让天赋尽启。这套丛书，由日本知名科学家撰写，将地球46亿年的壮阔历史铺展开来，极大地拉伸了时空维度。对于爱幻想的孩子来说，阅读这套丛书将是一次提升思维、拓宽视野的绝佳机会。

——广州市执信中学校长

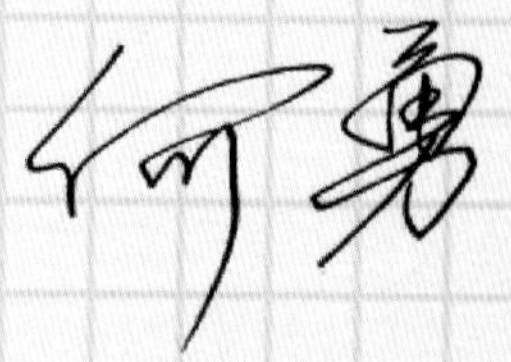

何勇

　　这是一套可作典藏的丛书：不是小说，却比小说更传奇；不是戏剧，却比戏剧更恢宏；不是诗歌，却有着任何诗歌都无法与之比拟的动人深情。它不仅仅是一套科普读物，还是一部创世史诗，以神奇的画面和精确的语言，直观地介绍了地球数十亿年以来所经过的轨迹。读者自始至终在体验大自然的奇迹，思索着陆地、海洋、森林、湖泊孕育生命的历程。推荐大家慢慢读来，应和着地球这个独一无二的蓝色星球所展现的历史，寻找自己与无数生命共享的时空家园与精神归属。

——复旦大学附属中学校长

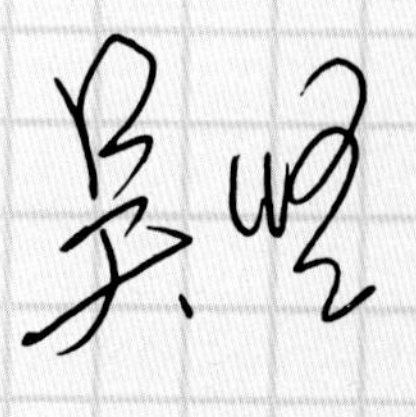

吴坚

地球是怎样诞生的，我们想过吗？如果我们调查物理系、地理系、天体物理系毕业的大学生，有多少人关心过这个问题？有多少人猜想过可能的答案？这种猜想和假说是怎样形成的？这一假说本质上是一种怎样的模型？这种模型是怎么建构起来的？证据是什么？是否存在其他的假说与模型？它们的证据是什么？哪种模型更可靠、更合理？不合理处是否可以修正、如何修正？用这种观念解释世界可以为我们带来哪些新的视角？月球有哪些资源可以开发？作为一个物理专业毕业、从事物理教育30年的老师，我被这套丛书深深吸引，一口气读完了3本样书。

学会用上面这种思维方式来认识世界与解释世界，是科学对我们的基本要求，也是科学教育的重要任务。然而，过于功利的各种应试训练却扭曲了我们的思考。坚持自己的独立思考，不人云亦云，是每个普通公民必须具备的科学素养。

从地球是如何形成的这一个点进行深入的思考，是一种令人痴迷的科学训练。当你读完全套书，经历150个节点训练，你已经可以形成科学思考的习惯，自觉地用模型、路径、证据、论证等术语思考世界，这样你就能成为一个会思考、爱思考的公民，而不会是一粒有知识无智慧的沙子！不论今后是否从事科学研究，作为一个公民，在接受过这样的学术熏陶后，你将更有可能打牢自己安身立命的科学基石！

——上海市曹杨第二中学校长

王洋

强烈推荐"46亿年的奇迹：地球简史"丛书！

本套丛书跨越地球46亿年浩瀚时空，带领学习者进入神奇的、充满未知和想象的探索胜境，在宏大辽阔的自然演化史实中追根溯源。丛书内容既涵盖物理、化学、历史、生物、地质、天文等学科知识的发生、发展历程，又蕴含人类研究地球历史的基本方法、思维逻辑和假设推演。众多地球之谜、宇宙之谜的原理揭秘，刷新了我们对生命、自然和科学的理解，会让我们深刻地感受到历史的瞬息与永恒、人类的渺小与伟大。

——上海市七宝中学校长

著作权合同登记号 图字01-2019-4562 01-2019-4563 01-2019-4564 01-2019-4565

Chikyu 46 Oku Nen No Tabi 13 Tairiku Idou De Kieta Iapetus Kai;
Chikyu 46 Oku Nen No Tabi 14 Kaiyou Ni Ahureta Genshi No Gyorui;
Chikyu 46 Oku Nen No Tabi 15 Seibutsu Ga Mezashita Basho " Rikujou ";
Chikyu 46 Oku Nen No Tabi 16 Rikujou Seikatsu No Hajimari
©Asahi Shimbun Publications Inc. 2014
Originally Published in Japan in 2014
by Asahi Shimbun Publications Inc.
Chinese translation rights arranged with Asahi Shimbun Publications Inc.
through TOHAN CORPORATION, TOKYO.

图书在版编目（CIP）数据

显生宙. 古生代. 2 / 日本朝日新闻出版著；傅栩
等译. -- 北京：人民文学出版社, 2020（2023.1重印）
（46亿年的奇迹：地球简史）
ISBN 978-7-02-016086-0

Ⅰ. ①显⋯ Ⅱ. ①日⋯ ②傅⋯ Ⅲ. ①古生代—普及
读物 Ⅳ. ①P534.4-49

中国版本图书馆CIP数据核字(2020)第026555号

总 策 划　黄育海
责任编辑　朱卫净　王雪纯　何王慧　欧雪勤
装帧设计　汪佳诗　钱　珺　李苗苗

出版发行　人民文学出版社
社　　　址　北京市朝内大街166号
邮政编码　100705

印　　制　凸版艺彩（东莞）印刷有限公司
经　　销　全国新华书店等

字　　数　227千字
开　　本　965毫米×1270毫米　1/16
印　　张　8.75
版　　次　2020年9月北京第1版
印　　次　2023年1月第9次印刷

书　　号　978-7-02-016086-0
定　　价　115.00元

如有印装质量问题, 请与本社图书销售中心调换。电话:010-65233595